国家开放大学
THE OPEN UNIVERSITY OF CHINA

煤矿安全管理

粟继祖　刘赫男　等编

中央广播电视大学出版社·北京

图书在版编目（CIP）数据

煤矿安全管理 / 栗继祖等编. —北京：中央广播
电视大学出版社，2016.7

ISBN 978 - 7 - 304 - 07932 - 1

Ⅰ. ①煤⋯　Ⅱ. ①栗⋯　Ⅲ. ①煤矿—矿山安全—安全
管理—开放教育—教材　Ⅳ. ①TD7

中国版本图书馆 CIP 数据核字（2016）第 159402 号

煤矿安全管理

MEIKUANG ANQUAN GUANLI

栗继祖　刘赫男　等编

出版·发行：中央广播电视大学出版社

电话：营销中心 010 – 66490011　　　总编室 010 – 68182524

网址：http://www.crtvup.com.cn

地址：北京市海淀区西四环中路 45 号　　**邮编**：100039

经销：新华书店北京发行所

策划编辑：邹伯夏　　　　　　**版式设计**：赵　洋
责任编辑：王　可　　　　　　**责任校对**：宋亦芳
责任印制：赵连生

印刷：北京博图彩色印刷有限公司　　**印数**：0001 ~ 2000
版本：2016 年 7 月第 1 版　　　　　2016 年 7 月第 1 次印刷
开本：787mm × 1092mm　1/16　　**印张**：14　**字数**：308 千字

书号：ISBN 978 – 7 – 304 – 07932 – 1
定价：24.00 元

前 言

编写目的

随着国家经济的发展，煤炭的需求量持续增加。煤矿安全管理是保证煤矿安全生产最基本的手段。本课程作为煤矿安全类专业的一门专业技能课程，其所具有的知识面广、实用性强的特点异常突出，它已成为煤矿安全类专业不可或缺的必修课程。为了更好地满足高等职业教育煤矿安全类专业培养应用型人才的需要，使煤矿安全管理及相关技术人员学习的新技术和新知识更具有针对性，本教材在理论性和实践性并重的基础上，增加了一些煤矿安全管理在煤矿安全生产中的应用实例。作为一种新的探索与尝试，本教材也为学习者适应远程教育环境下的自主学习提供了导学帮助。

教材特点

（1）本教材在内容上力求体现"精炼"和"实用"，以专业必需的基本概念和基本分析方法为主，舍去繁冗、晦涩的理论叙述与推导，突出基本知识和基本技能的工程应用。

（2）本教材在形式上尝试将视频演示和实践操作作为基本的学习活动形式之一，期望借助于日趋成熟的虚拟仿真技术，使学习者更方便、更准确地领会学习内容。

（3）本教材在结构上按照内容的逻辑关系采用模块化方式编写，分为煤矿安全管理概述和基本理论、安全管理方法、事故管理及现代安全管理方法三个教学模块。

（4）本教材根据远程开放教育的特点，辅之以网络课程、实验视频等学习资料，为学习者提供学习支持。

编 写 者

本教材由太原理工大学栗继祖教授、刘赫男和山西广播电视大学姜晓东编写。其中，栗继祖编写了第1章、第11章；刘赫男编写了第2~6章、第8~10章；姜晓东编写了第7章。栗继祖负责全书的统稿工作，刘赫男负责各章小结、自测题和自测题参考答案的编写工作。太原理工大学赵益芳教授对全部书稿进行了审阅。

学 习 指 南

学 习 目 标

完成本课程的学习之后，你将达到以下目标：

认知目标

（1）列举安全管理在工程实践中的作用和意义。

（2）运用安全管理学的基本理论和方法，对常见的煤矿事故进行简单的分析与判断。

（3）运用事故预防与控制的基本理论和方法，提出常见煤矿事故预防及解决方案。

技能目标

（1）依据煤矿安全事故的特点，分析事故的原因和发生的规律。

（2）掌握安全文化的层次结构，能够结合行业企业的特点，编制安全文化体系。

（3）利用煤矿安全生产的特点，制定各种安全管理的目标体系。

（4）选择适合的安全管理方法。

（5）进行职业安全健康管理体系的内部评审。

（6）进行事故调查和处理的现场取证。

（7）制定事故预防与控制的管理措施。

（8）编制煤矿重大危险源识别方案。

情感目标

（1）发挥学生自主学习的能力和团队协作精神，使其养成良好的职业道德习惯。

（2）培养学生较强的安全生产自主意识。

学 习 内 容

本教材主要包括以下内容：

1. 煤矿安全管理概述和基本理论

本模块包括第1~3章，主要介绍煤矿安全形势、煤矿安全管理的研究对象、煤矿安全管理的主要内容和特点；管理的理论基础、安全的理论基础、安全管理的理论基础；安全文化与安全管理、安全文化的发展。

2. 安全管理方法

本模块包括第4~7章，主要介绍安全管理方法、安全目标管理、系统安全管理、职业安全健康管理体系等。

3. 事故管理及现代安全管理方法

本模块包括第8~11章，主要介绍事故统计及分析、事故调查与处理、事故预防与控制、灾害性事件与煤矿事故应急管理、现代安全管理方法的新发展。

学习准备

在学习本教材之前，应具有通风安全学和安全系统工程的基础知识，如矿井五大灾害、系统安全等概念，具有分析矿井基础系统的技能，以及使用个人计算机进行网页浏览、资料下载的能力。

学习资源

为了帮助学生更好地理解本教材的内容，顺利地完成远程学习，本课程在文字教材的基础上设计开发或引用了网络课程等配套的学习资源。

网络课程与本教材同步配套设计，并在国家开放大学在线学习网站上发布，网址为http：//www. ouchn. edu. cn。网络课程主要包括"视频授课""学习活动""文本辅导""考前练习""学科新动态"等栏目，以及普通高校的精品课程和公开课等热门网络资源链接等。其中，"视频授课"栏目针对文字教材中难以表述清楚的教学内容，运用多媒体形象化教学手段进行讲授。"学习活动"栏目主要针对文字教材中每个单元的学习内容进行设计，以帮助学生加强对基本知识的理解。"文本辅导"栏目以课程考核要求为尺度，通过例题解析、重点概念归纳，帮助学生更好地掌握课程重点。"考前练习"栏目围绕考试要求，从考试题型、考试时间、评分标准等方面模拟实际考试，以期达到全面检查学生学习效果的目的，并提高其基本的应试能力。"学科新动态"栏目及时提供与本课程相关的学科热点信息的简介和链接，供学生在学习之余参阅。

图标说明

当你在使用本教材遇到以下图标时，请根据图标旁的文字提示，完成相应内容的学习。

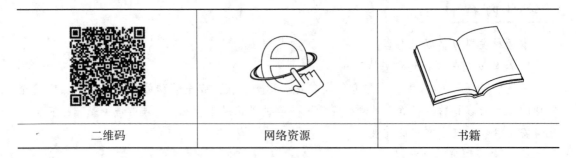

二维码	网络资源	书籍

学习评价

1. 评价方式

本课程的学习评价采用形成性考核和终结性考试两种方式进行。其中，形成性考核采取作业册和网上形考相结合的方式进行，主要检验学生的作业完成情况，考核成绩占总成绩的30%；终结性考试为纸质试卷笔试，考试成绩占总成绩的70%，时间为90分钟。

2．评价要求

本课程的评价重点是文字教材中的基本概念、基础知识和基本分析方法，对各章内容均有评价要求。

3．试题题型

本课程采用选择题、判断题、简答题、论述题四种题型编制试卷。其他说明详见国家开放大学考试中心发布的课程考试管理文件。

目　录

第1章 绪 论

\导 言

　　人员周围能量的集中化，生产工艺、技术及环境的复杂性，人员的低素质、集中化和难控制，以及各种社会环境因素等，给煤矿安全管理带来了前所未有的挑战。

　　本章将要学习煤矿安全管理绪论。煤矿安全管理的基本任务是运用现代管理科学的理论和原理，探讨并揭示我国煤矿安全管理活动的规律，建立健全我国煤矿安全管理机构体制和煤矿安全管理的科学方法，以达到提高管理效益、实现煤矿安全生产的目的。

　　本章在内容安排上，首先介绍煤矿安全形势、煤矿安全管理面临的挑战、做好煤矿安全管理工作的重要意义，然后在此基础上重点讨论煤矿安全管理的研究对象、主要任务和主要内容、煤矿安全管理的形成。学习这些内容对于在实际工作中更好地发挥煤矿安全管理的作用具有很好的实用价值。

\学习目标

认知目标

1. 叙述现代煤矿安全管理面临的挑战。
2. 阐述煤矿安全管理的研究对象。
3. 叙述煤矿安全管理的主要任务和主要内容。
4. 列举国外主要产煤国家煤矿安全管理的发展过程。
5. 分析我国煤矿安全管理的发展过程。

技能目标

1. 根据不同情况制定煤矿安全管理体系。
2. 结合国内外煤矿安全管理的现状，思考未来的发展趋势。

情感目标

　　对煤矿安全管理的相关知识产生兴趣，相信自己能够选择恰当的管理方法和管理理念为煤矿安全管理提供有力的技术支撑。

1.1 煤矿安全形势严峻——煤矿安全管理面临着前所未有的挑战

　　进入 21 世纪以来，全球安全形势依然严峻，环境污染、重大事故与自然灾害等严重威胁着人类的生命和健康，同时也造成了物质财富的巨大损失。据国际劳工组织（International Labour Organization，ILO）的保守估计，每年全球的工伤事故达 2.5 亿起，这就意味着每天有 68 万起事故发生，每秒钟发生 8 起。换言之，每天有 3 000 人于工作中丧命。在我国，管理原因直接或间接导致的重大伤亡事故屡禁不止。例如，2005 年屡次发生百人以上死亡的矿难：2005 年 2 月 14 日，辽宁省阜新矿业有限责任公司海州立井发生特大瓦斯爆炸事故，死亡 214 人；2005 年 8 月 7 日，广东省兴宁市黄槐镇大兴煤矿发生透水事故，死亡 121 人；2005 年 11 月 27 日，黑龙江省龙煤集团七台河分公司东风煤矿发生煤尘爆炸事故，死亡 171 人；2005 年 12 月 7 日，河北省唐山市开平区刘官屯煤矿发生瓦斯爆炸事故，死亡 108 人。又如，2014 年，我国安全生产事故共死亡 68 061 人，煤矿百万吨死亡人数为 0.255 人，发生煤矿重特大安全生产事故 13 起，死亡 240 人。其中，2014 年 8 月 14 日，黑龙江省鸡西市安之顺煤矿发生透水事故，死亡 16 人；2014 年 11 月 26 日，辽宁省阜新矿业有限责任公司下属的恒大煤业公司发生煤尘燃烧事故，造成 28 名矿工死亡、50 人受伤。再如，截至 2015 年 10 月，全国共发生煤矿事故 256 起，死亡 420 人。其中，2015 年 4 月 19 日，山西省大同市南郊区大同煤矿集团大同地方煤炭有限责任公司姜家湾煤矿发生透水事故，死亡 21 人。

扫描二维码，可查看近几年煤矿事故统计。

造成煤矿安全形势严峻的一个重要原因是安全管理不科学、不到位。其主要表现为事故灾害后果依然严重、人因事故所占的比例逐渐增大、重大责任事故依然频发。人因事故占事故总数的 70% ~ 90%。人因事故归根结底是组织管理失误导致的不良后果。

人员周围能量的集中化，生产工艺、技术及环境的复杂性，人员的低素质、集中化和难控制，以及各种社会环境因素等，给煤矿安全管理带来了前所未有的挑战。

（1）随着科学技术的飞速发展，生产工艺、技术及环境的复杂性加大，煤矿安全管理的对象也日益复杂，影响安全的因素越来越多。一方面，人—机—环境系统安全性的要求日益提高；另一方面，在突发事件面前，人—机—环境系统又表现出某种脆弱性。

（2）社会处于转型期，有关安全生产的立法、执法有待进一步完善。虽然我国已经初步建立了安全生产的法律法规体系，但在安全生产领域中，有法不依、执法不严的问题仍然普遍存在。

（3）从业人员的整体素质有待进一步提高。安全素质不佳往往是导致事故发生的潜在因素，它对于安全管理的影响是不言而喻的。其中，产品及其工艺设计人员、管理人员、政府有关部门官员的安全素质最为重要。但在安全教育上，我国在一定程度上忽视了这一点，并不是所有的专业技术人才和管理人才都具有符合要求的安全素质。

（4）社会总体协调管理水平尚待提高。安全生产基础薄弱，保障体系和机制不健全；部分地方和生产经营单位的安全意识不强、责任不落实、安全投入不足；安全生产监督管理机构、队伍建设及监管工作亟待加强。

（5）安全科学仍在不断发展，其学科丛林中的煤矿安全管理尚落后于社会实际需要，需要大力发展煤矿安全管理和安全科学。

做好安全管理工作具有十分重要的意义，概括起来，主要有以下四方面：

（1）做好安全管理工作是贯彻落实"安全第一、预防为主、综合治理"方针的基本保证。具体的安全相关工作和活动要由安全管理来组织、协调。安全管理水平的提高有利于国家安全生产管理体制的完善和执行。

（2）做好安全管理工作是防止伤亡事故和职业危害的根本对策。安全管理是控制、减少事故，尤其是人因事故发生的有效屏障。科学的管理能够约束或减少人的不安全行为，控制或减少危险源，直接控制人因事故的发生。

（3）安全技术和职业安全健康措施依靠有效的安全管理才能发挥应有的作用。建立在物质基础上的安全技术和职业安全健康措施需要人们进行有效的安全管理活动——计划、组织、指挥、协调和控制，才能发挥它应有的作用。

（4）安全管理对社会经济发展起着保驾护航的作用。从微观层面上来讲，做好安全管理工作有助于改进企业管理，全面推进企业各方面工作的进步，促进经济效益的提高；从宏观层面上来讲，安全管理会产生并提供以间接形式为主的社会经济效益，其作用对于社会、经济的发展和稳定是不可或缺的。

1.2 煤矿安全管理的基本概念

1.2.1 安全管理的定义及分类

1. 安全

安全是人的身心免受外界（不利）因素影响的存在状态（包括健康状态）及其保障条件。安全是对系统在某一时期、某一阶段过程状态的描述。

2. 安全管理

安全管理是指管理者对安全生产进行的计划、组织、指挥、协调和控制的一系列活动。

（1）按照主体和范围大小的不同，安全管理可分为宏观安全管理和微观安全管理。

① 宏观安全管理。宏观安全管理泛指国家在政治、经济、法律、体制、组织等各方面所采取的措施和进行的活动。

② 微观安全管理。微观安全管理将企业作为安全管理的主体。它是指经济和生产管理部门以及企事业单位进行的具体安全管理活动。

（2）按照对象的不同，安全管理可分为狭义的安全管理和广义的安全管理。

① 狭义的安全管理。狭义的安全管理是指直接以生产过程为对象的安全管理。它是指在生产过程或与生产有直接关系的活动中防止意外伤害和财产损失的安全管理活动，即安全生产管理。

② 广义的安全管理。广义的安全管理泛指一切保护劳动者的安全健康、防止国家财产受到损失的，不仅以生产经营活动为对象，而且包括服务、消费活动等所涉及的安全

管理活动。

1.2.2　煤矿安全管理的研究对象

　　煤矿安全管理的研究对象涉及煤矿安全生产系统中人与人、人与物、人与工作环境之间在防止事故发生、避免人身伤害和财产损失方面存在的关系。煤矿安全管理就是要认识并解决这些关系中的各种矛盾和问题。

　　安全管理是研究安全管理活动的规律的一门科学。它运用现代管理科学的理论、原理和方法，探讨并揭示安全管理活动的规律，为安全生产法治建设、安全管理体制和规章制度的建立提供指导与帮助，以达到提高管理效益、防止生产事故、实现安全生产的目的。一般来说，安全管理就是研究应用于预防重大事故、职业危害和协调安全生产的，包括安全管理的理论和原理、组织机构和体制、管理方法、安全法规等一系列学问的科学。

　　煤矿安全管理就是以人—机—环境系统中的人、物、信息、环境等要素之间的安全关系为研究对象，合理、有效地配置诸要素及其之间的关系，从而保证系统中安全状况的持续实现，保证人类社会活动中的安全生存、安全生活、安全生产。管理追求效率，强调目的；煤矿安全管理则是在保证安全目标实现的前提下，对达到安全所需的人、物、信息、环境等要素进行科学、有效的协调和配置。效率、效益一般是管理追求的目标，效率与效益之间也是对立统一的关系。在安全、效率、效益三者中，任意两者之间都既有相同的影响因素，也有各自的影响因素。这些因素不仅取决于一般性管理，更取决于具有特殊性安全管理活动的协调。归根结底，管理活动的进行是由组织协调的。因此，通过开展煤矿安全管理理论的研究和实践，探讨科学的煤矿安全管理模式、方法和技术，不断总结并认识煤矿安全管理活动的规律，可为进行科学安全管理、重大事故预防、安全水平提升提供指导和参考。

1.2.3　煤矿安全管理的主要任务

　　煤矿安全管理的基本任务是运用现代管理科学的理论和原理，探讨并揭示我国煤矿安全管理活动的规律，建立健全我国煤矿安全管理机构体制和煤矿安全管理的科学方法，以达到提高管理效益、实现煤矿安全生产的目的。具体地说，煤矿安全管理的主要任务包括理论和实践两方面。

　　（1）理论方面。其任务是研究煤矿安全管理的本质规律，形成既体现个体人的不安全行为和物的不安全状态控制，也体现组织的不安全行为控制的煤矿安全管理；研究煤矿安全管理自身发展的学科理论，为总结、发展煤矿安全管理的方法、措施和手段提供理论依据。

　　（2）实践方面。其任务是研究煤矿安全管理的决策、对策、系统科学的方法、控制论的方法、信息的开发和使用，以及研究安全法规、安全教育、安全监察等一系列管理方法和安全检查表的技术等。

煤矿安全管理的任务，简单地说，就是提炼、开发并传播煤矿安全管理的理论与方法，提高未来安全工程师和管理者的安全管理能力，达到学以致用、防范事故及危害的目的。

1.3 煤矿安全管理的主要内容和特点

1.3.1 煤矿安全管理的主要内容

煤矿安全管理的主要内容包括煤矿安全管理的理论基础、煤矿安全管理方法、事故管理、安全文化和安全法规等。煤矿安全管理的内容体系如图1－1所示。

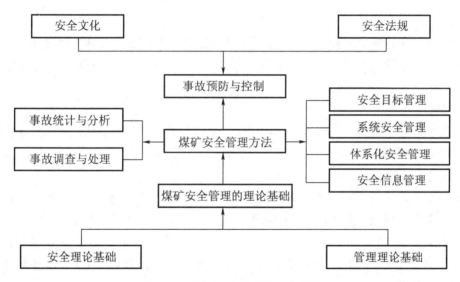

图1－1 煤矿安全管理的内容体系

煤矿安全管理的理论基础包括各种有关的安全理论基础和管理理论基础等。

煤矿安全管理方法包括安全目标管理、系统安全管理、体系化安全管理、安全信息管理。它们属于系统科学方法论的范畴，是在不同的历史发展时期诞生的不同的安全管理手段和方法。

事故管理包括事故统计与分析、事故调查与处理和事故预防与控制。其中，前两项属于安全管理中事故管理的方法，事故预防与控制是安全管理要达到的主要目标之一。通过各种安全管理方法的实施，最终达到事故预防与控制的目的。

安全文化和安全法规是实现系统安全的两种不同的、不可或缺的辅助手段。安全文化和安全法规是自主管理的基础。前者从文化、理念的层面上研究如何使人自主地约束不安全行为，实现个体人的安全，继而实现组织系统的安全；后者从行政的角度规范人的行为，具有强制执行的性质，它是法制管理的基础。两者相辅相成、不可或缺，从"软"的手段进行事故预防与控制，而安全科学技术是保证安全管理实施效果的"硬"手段。

1.3.2 煤矿安全管理的特点

煤矿安全管理是以安全生产和重大事故控制为应用领域，综合运用安全学和管理学的理论、方法的实用性交叉学科。从研究方法上来讲，它强调系统性、决策性和前瞻性；从学科本质上来讲，它又具有综合性、交叉性和实用性。

1. 系统性

煤矿安全与煤矿管理具有的一个共同属性，即系统性。煤矿安全管理需要着眼于宏观，既要见树木，又要见森林，考虑系统的目标和整体功能，统筹人—机—环境，因此，它具有系统性。

2. 决策性

面对煤矿安全管理的种种复杂状况和多种方案选择，煤矿安全管理活动应建立在对安全管理理论及方法科学认知的基础上，实现科学的安全管理决策，不断优化安全管理方案和对策。

3. 前瞻性

煤矿安全管理活动对系统未来的变化应保持足够的敏感性和预见性，要随着变化发展的新情况不断进行更新，要与时俱进，勇于接受新思想、尝试新方法。

4. 综合性、交叉性

煤矿安全管理综合了安全学和管理学的理论基础，集成安全科学和管理科学的基本原理、方法，兼具工程应用和理论研究的双重特点，具有学科交叉融合的特性。

5. 实用性

煤矿安全管理所研究的内容带有较强的技术性和实用性，为煤矿安全管理实践活动提供了技术和方法指导。

1.4 煤矿安全管理的形成和发展

煤矿安全问题自古有之，生产劳动中的安全是伴随着人类劳动产生的。我国古代在生产中就积累了一些安全防护的经验。明代科学家宋应星所著《天工开物》中记述了采煤时防止瓦斯中毒的方法："深至丈许，方始得煤，初见煤端时，毒气灼人，有将巨竹凿去中节，尖锐其末，插入炭中，其毒烟从竹中透上。"

20世纪20—50年代，美、英、法、日、荷等工业较为发达的国家普遍进行了安全立法，并建立了旨在预防伤亡事故及职业病的安全管理科研机构。特别是在20世纪60年代初，美国从研究洲际导弹开始，发展了系统安全工程和系统安全管理，把安全管理工作推向了一个新的阶段。日本借鉴了美国的安全管理经验，并根据本国的特点，创造出许多新的安全技术和安全管理方法，使其安全管理达到世界领先水平。

1.4.1　国外煤矿安全管理发展概况

尽管煤炭开采是一个高危险行业，职业死亡事故的发生率很高，但是在过去的 100 多年里，世界煤炭产业还是通过努力显著地减少了死亡人数，降低了死亡率。尤其是 20 世纪 70 年代以来，世界主要产煤国家的煤矿安全状况都有了很大的改善。

1. 美国煤矿安全管理的发展过程

美国作为仅次于中国的世界第二大产煤国，在整个 20 世纪最后 10 年间，其煤炭产量始终维持在 10 亿吨左右，而每年平均死亡人数只有 49 人，煤炭开采不再是危险的行业。据美国劳工部发表的 1998 年各行业事故率统计结果，煤炭开采行业甚至好于服务业、工程建筑等行业。美国真正实现了"安全与生产并不矛盾"的最佳状态。但纵观美国历史上的煤炭开采，煤矿矿难也时有发生。尤其是 20 世纪前 30 年，重大恶性事故接连不断，每年死亡人数都在 2 000 人左右。美国历史上的重大煤矿事故大都发生在这个时期，这个时期也成为美国历史上的煤矿矿难高发期，最严重的是 1907 年，全国煤矿事故死亡 3 242 人。在这期间，美国发生的重大煤矿矿难如下：1907 年 12 月 6 日，西弗吉尼亚州的孟农加煤矿矿难，造成 362 名矿工死亡，这是美国历史上最严重的一次矿难；1907 年 12 月 19 日，位于宾夕法尼亚州的达尔煤矿也迎来了血腥的一天，因煤尘爆炸，239 名矿工遇难。1907 年，美国地质调查局（United States Geological Survey，USGS）发布的煤矿死亡人数报告（这是第一次从所有州收集信息得出的全国性报告）阐述了一个严峻的现实：每年在 1 000 名矿工中，有 339 名死亡，当时美国矿工的死亡率是英国或比利时的 3 倍。

进入 20 世纪 90 年代，美国煤矿事故死亡人数继续减少，达到历史上的最低水平。1990 年美国煤矿事故死亡 66 人，1999 年煤矿事故死亡 34 人，10 年中年平均死亡 45 人，20 万工时死亡率降为 0.03。1990—2000 年，美国共生产商品煤 104 亿吨（产量仅次于中国），死亡矿工 492 人，平均百万吨煤死亡率为 0.047 3，与 20 世纪前 30 年平均每年死亡 2 000 人左右形成了鲜明对比。从 20 世纪前 30 年因煤矿矿难每年死亡达 2 000 人到 90 年代末的三四十人，这说明《联邦矿山安全健康法》的实施在改善美国煤矿安全健康状况方面效果卓著。现在煤矿事故伤亡率已经低于公路交通运输等 20 个其他部门，煤炭开采由一个公认最危险的行业转变为一个比较安全的行业。

美国《联邦矿山安全健康法》的实施标志着美国煤矿业进入事故低发阶段。1993—2000 年，整个煤炭行业没发生过一起死亡 3 人以上的事故。2002—2004 年，美国煤矿安全事故死亡人数分别为 27 人、30 人、28 人。2005 年，美国煤矿安全事故死亡人数创下新低，仅 22 人。美国劳工部的矿山安全健康局表示，2014 年煤矿安全事故死亡人数降至 16 人，低于 2012 年的 20 人和 2009 年的 18 人，美国煤矿安全事故死亡人数降至有记录以来的最低水平。所有采矿作业的矿工死亡人数从 42 人降至 40 人。这是煤炭行业近年来在煤矿安全记录方面的一大进步。

扫描二维码，可查阅美国煤矿安全管理制度的启示。

2. 日本煤矿安全管理的发展过程

日本煤炭工业作为国家重要的基础产业，对其近代经济的发展发挥了重要作用。尤其是第二次世界大战以后，煤炭作为日本的唯一能源，对日本经济的迅猛发展和国民生活的安定起到了举足轻重的作用。当时，日本全国有 100 多个煤矿，40 万名矿工，年产量在 5 500 万吨以上。由于产量增加、人员增多，安全投入及安全管理跟不上，煤矿安全状况相当差，矿井特大事故接连不断地发生。例如，1965 年，山野煤矿瓦斯突出、爆炸，造成 273 名矿工死亡；1967 年，夕张新煤矿瓦斯突出、爆炸，造成 93 名矿工死亡；1969 年，三池煤矿井下火灾，造成 83 名矿工死亡；1970 年，南大夕张煤矿瓦斯爆炸，造成 62 名矿工死亡；尤其是 1963 年 11 月 9 日，三井三池煤矿发生煤尘爆炸事故，造成 458 名矿工死亡。这些重大事故频发，引起了社会的极大震动，也给煤炭行业敲响了警钟：必须强化煤矿安全管理，减少事故。日本在第二次世界大战以后处于经济复兴时期，工伤事故状况十分严重，每年死亡人数基本在 6 000 人以上，1961 年达到历史最高纪录，因工伤事故死亡 6 712 人。当时，日本提出了"安全运动要赶上美国，工伤事故发生的概率也要降低到美国水平之下"的口号，并相应采取了一系列对策。日本政府制定了《劳动安全卫生法》《矿山安全法》《劳动灾难防止团体法》等一系列法律、法规。由于法律健全、措施得当、各方重视，日本的安全生产问题基本得到了有效控制。现在，日本所需煤炭的 90% 以上靠进口，全国仅存两家煤矿——池岛煤矿和太平洋煤矿，池岛煤矿关闭，太平洋煤矿重组为现在的钏路煤矿，分别作为煤矿安全技术输出项目的研修中心。与其他采矿国家相比，日本的煤矿安全管理已经达到了相当高的水平。自 1985 年以来，日本煤矿再也没有发生过大的矿工死亡事故。

日本建立了一整套独立的矿山安全监察体系，实施高效的监督管理。为减少工伤事故和职业病，日本政府所采取的主要对策总结如下：

扫描二维码，可查阅日本煤矿安全管理方面的启示。

(1) 建立劳动安全卫生的组织领导和监督体制。

(2) 加强立法，建立劳动安全卫生法规体系。

(3) 制订劳动灾害防治计划。

(4) 加强对企业安全卫生的行政管理和监督指导。

(5) 推进安全卫生教育。

(6) 重视新技术的引进和设备的更新，积极发展劳动安全卫生的科学研究工作。

(7) 重视发挥团体的作用来防止工伤事故。

(8) 开展群众性的安全卫生运动。

1.4.2 我国煤矿安全管理发展概况

相对于工业发达国家而言，我国的煤矿安全管理起步较晚。新中国成立前，虽然国民党政府颁布过一些安全法规，但由于局势动荡而形同虚设，未能得到贯彻执行。新中国成立以来，我国煤矿安全管理经历了动荡、曲折的螺旋式发展过程，大致分为建立和发展、停顿和倒退、恢复和提高、市场经济下的高速发展四个阶段，如图1-2所示。

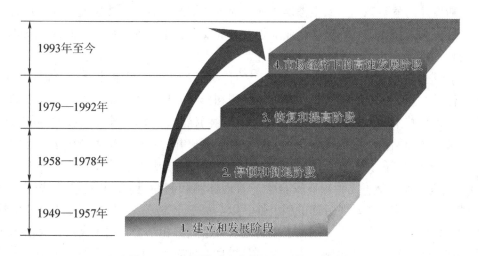

1993年至今 ————— 4.市场经济下的高速发展阶段

1979—1992年 ————— 3.恢复和提高阶段

1958—1978年 ————— 2.停顿和倒退阶段

1949—1957年 ————— 1.建立和发展阶段

图1-2　我国煤矿安全管理经历的四个阶段

我国煤矿安全生产的特点决定了做好煤矿安全管理工作的必要性、重要性和艰巨性。煤矿企业应该坚持"管理、装备、培训并重"的原则，建立适应社会主义市场经济体制要求的安全管理制度，健全煤矿安全生产保障体系，提高安全管理及装备水平，全面增强矿井的抗灾防灾能力，实现高效、安全的煤矿生产。

扫描二维码，可查阅我国安全管理经历的四个阶段的内容。

目前，我国煤矿安全生产事故总量、特大事故和重大事故总量均有所下降，煤矿安全形势总体稳定好转，但煤矿安全生产事故仍时有发生。在总结我国煤矿安全管理教训、吸取国外煤矿安全管理经验的基础上，我国的煤矿安全管理也取得了显著成效，形成了具有特色的煤矿安全管理机制。

（1）建立健全煤矿安全生产保障体系。根据实施的分级设立、分级保障、分级支持、分级管理和资源优化配置的原则，健全社会主义经济体制要求的安全生产法律法规体系、安全技术支持体系、安全生产中介服务体系、安全生产信息网络体系和安全生产宣传教育体系，形成了对煤矿强有力的支持、全方位的支撑和保障。

（2）推进技术创新，提高煤矿灾害控制水平。围绕煤矿安全生产的重大问题，以煤矿灾害防治为主体，以"一通三防"（通风，防尘、防瓦斯、防火）技术为重点，开展煤矿安全生产共性技术、关键技术和安全防护用品的研究、开发及产业化工作。通过技术创新，完善和发展煤矿安全保障技术，提高煤矿灾害预防和控制的可靠性。例如，煤矿灾害预警系统和安全避险六大系统的配备，全面增强矿井的防灾抗灾能力，提高防灾水平。加强煤矿井下瓦斯、粉尘等有害物质的治理力度，排除事故安全隐患，保证井下安全生产工作的顺利进行。以瓦斯爆炸和火灾为研究对象，研究重大事故产生的根本原因，引进国内外高新技术，降低灾害发生的可能性，提高灾害预防性和可控性。严禁非阻燃电缆和皮带入井，减少引起火灾和瓦斯爆炸的危险源。国家根据煤矿井下的具体情况，设立科技攻关项目，开发成套的灾害治理装备和新技术，引导煤矿企业加强自身的安全技术投入，从多方面解决危及井下安全生产的技术难题。

（3）推进管理创新，提高煤矿安全生产的科学管理水平。开展安全生产评估、认可和认证技术体系，重大危险源的辨识、评估、预测和分级管理技术，安全人机工程技术，安全经济分析与评价技术，事故调查分析技术，安全检测检验技术和安全信息技术等的研究；开发重大危险源监控网络和虚拟现实技术；建立数字化矿井，建设安全生产科学管理信息网络系统；实现安全生产的科学化、信息化、智能化，全面提升煤矿安全生产管理水平。

（4）推进机制创新，完善煤矿安全生产管理体制和制约机制。以企业为主题，以安全生产为基本国策，充分调动各方面的积极性，以全员、全方位、多层次安全生产监督管理为基本原则，建立企业自我约束、国家宏观管理与社会监督相结合，精干高效、灵活运作的煤矿安全生产管理体制和制约机制。在2014年12月1日起实施的修改后的《中华人民共和国安全生产法》中明确提出，安全生产工作应当以人为本，坚持"安全发展，坚持安全第一、预防为主、综合治理"的方针，强化和落实生产经营单位的主体责任，建立生产经营单位负责、职工参与、政府监管、行业自律和社会监督的机制。

（5）完善煤矿安全投入保障机制，加大煤矿安全投入。以企业投入为主体，以创造本质安全作业为条件，以实现安全生产为基本目标，依靠国家的政策引导和资金支持，建立煤矿安全投入保障机制。随着经济的发展，逐步加大煤矿安全投入，提高煤矿安全装备水平和对灾害的控制程度，形成煤矿安全生产的良性循环。

（6）建立工伤赔偿、康复和事故预防一体化、社会化的保险体系。推行强制性工伤保险制度，并与事故预防紧密结合，利用差别费率、浮动费率和奖惩措施，并用经济杠杆促进煤矿企业加强安全生产管理，强化安全生产职责。

（7）加强煤矿安全文化建设，大力推进全民安全生产宣传教育。以企业安全技术培训为重点，以全民安全生产宣传教育和煤矿安全文化建设为保障，全面提高全民的安全文化素质，强化安全生产意识，为煤矿安全生产提供精神动力和智力支持。

（8）严格事故调查、分析和处理，充分发挥事故的警示作用。以事故预防为基本出发点，以"四不放过"（事故原因未查清不放过、当事人和群众没有受到教育不放过、没有制定切实可行的预防措施不放过、事故责任人未受到处理不放过）为基本原则，建立事故分析支持体系，发挥安全专家在事故调查分析中的作用，逐步实现煤矿事故调查的标准化、规范化。认真总结事故的经验教训，采取多种方式开展事故警示教育工作，扩大警示教育工作的范围，保证警示教育工作的效果，尤其是增强矿长、管理人员和井下一线工作人员的安全意识，实现"一矿出事故、万矿受教育，一地出事故、全国受警示"的警示教育目标。

本章小结

【绪　　论】

❖ 煤矿安全形势严峻

- ✓ 描述当前煤矿安全形势
- ✓ 描述当前煤矿安全形势的严峻性
- ✓ 描述当前煤矿安全形势给煤矿安全管理带来的挑战
- ✓ 列举做好安全管理工作的重要意义

❖ 煤矿安全管理的基本概念

- ✓ 叙述安全和安全管理的定义
- ✓ 列出煤矿安全管理的研究对象
- ✓ 阐述煤矿安全管理的主要任务

❖ 煤矿安全管理的主要内容和特点

- ✓ 阐述煤矿安全管理的主要内容
- ✓ 叙述煤矿安全管理的特点

❖ 煤矿安全管理的形成和发展

- ✓ 叙述国外煤矿安全管理发展概况
- ✓ 阐述我国煤矿安全管理发展概况

自测题

一、选择题

1-1 影响人的身体健康、导致疾病或对物造成慢性损害的因素称为（　　）。

A. 危险因素　　　　B. 有害因素　　　　C. 风险因素　　　　D. 隐患

1-2 （　　）作为管理的主要组成部分，遵循管理的普遍规律，既服从管理的基本原理和原则，又有其特殊的原理和原则。

A. 安全管理　　　　　　　　　　B. 安全生产管理

C. 员工素质管理　　　　　　　　D. 企业风险管理

1-3 安全生产管理包括安全生产法制管理、行政管理、监督检查、工艺技术管理、设备设施管理、作业环境和条件管理等。安全生产管理的基本对象是（　　）。

A. 生产工艺　　　　B. 设备设施　　　　C. 人员　　　　D. 作业环境

二、判断题

1-4 随着科学技术的飞速发展，生产工艺、技术及环境的复杂性加大，煤矿安全管理的对象也日益复杂，影响安全的因素越来越多。（　　）

1-5　做好煤矿安全管理工作是防止伤亡事故和职业危害的根本对策。　　　（　　）

1-6　煤矿安全管理所研究内容的技术性和实用性都比较弱。　　　（　　）

三、名词解释

1-7　安全

1-8　安全管理

四、简答题

1-9　煤矿安全管理的基本任务是什么？

1-10　煤矿安全管理的特点有哪些？

五、论述题

1-11　试述我国煤矿安全管理的发展过程。

第2章 安全管理理论基础概述

导　　言

　　煤矿安全管理的基本原理是对管理基本原理的继承和发展，是进行煤矿安全管理应当遵循的基本原则，所以理解并掌握安全管理的基本原理是学习安全管理的首要环节。研究和实践表明，煤矿安全管理应遵循安全和管理的普遍规律，服从安全和管理的基本原理。

　　本章将要学习安全管理理论。安全生产管理作为管理的主要组成部分，遵循管理的普遍规律，既服从管理的基本原理和原则，又有其特殊的原理和原则。

　　本章在内容安排上，首先介绍管理的理论基础、安全的理论基础，在此基础上，重点讨论安全管理的原理和原则。学习这些内容对于在实际工作中更好地运用煤矿安全管理的理论和方法具有很好的实用价值。

学习目标

认知目标

1. 叙述科学管理理论和行为科学理论。

2. 阐述现代管理理论。

3. 叙述事故的定义和基本特征。

4. 列举事故致因理论。

5. 阐述安全管理的原理和原则。

技能目标

1. 结合事故案例，分析事故的特征。

2. 根据不同的生产实际，运用安全生产管理的原理和原则。

情感目标

　　对煤矿安全管理的相关知识产生兴趣，相信自己能够选择恰当的管理方法和管理理念为煤矿安全管理提供有力的技术支撑。

2.1　管理的理论基础

　　"管理"一词的原意是指"训练和驾驭马匹"，是美国人最早将这个词用于管理学中的。顾名思义，"管理"中的"管"是指约束，"理"是指调理、协调，其概念本身具有多义性，不仅有广义和狭义之分，而且因时代不同，有不同的解释和理解。多年来，许多管理学家根据自己的理解，给"管理"下了许多意义相异的定义，形成了众多的管理学流派。本节根据"管理"定义的发展历程，从科学管理理论、行为科学理论和现代管理理论三方面介绍管理的理论基础。

2.1.1 科学管理理论

科学管理理论又称为古典管理理论，它是管理理论的第一阶段，其核心代表人物是美国提倡科学管理理论的泰勒（Taylor，1856—1915）、法国提倡一般管理理论的亨利·法约尔（Henri Fayol，1841—1925）和德国提倡行政组织理论的马克斯·韦伯（Max Weber，1864—1920）。

1. 泰勒的科学管理理论

泰勒的科学管理理论的主要内容包括以下几方面：

（1）科学管理的中心问题是提高劳动生产率。

（2）必须为每一项工作挑选"第一流的工人"。

（3）标准化管理。

（4）实行"差别计件工资制"。

（5）强调雇主与工人合作的"精神革命"。

（6）主张计划与执行相分离。泰勒认为，应该用科学的工作方法取代经验工作法。

以上观点是泰勒科学管理理论的主要内容。除此之外，他还提倡实行职能制，其用意在于摆脱直线制分工不明确的缺点，使工厂管理高度专业化；强调例外管理，就是企业的高级管理人员为了减轻处理纷乱、烦琐事务的负担，把一般的日常事务授权给下级管理人员处理，而自己只保留对重要事项的决策权和控制权。

2. 法约尔的一般管理理论

法约尔是科学管理理论的主要代表人物之一，他被后人尊称为"管理理论之父"。法约尔的管理理论以企业整体作为研究对象。他认为，管理理论是指有关管理的、被普遍认可的理论，是经过普遍经验检验并得到论证的一套有关原则、标准、方法、程序等内容的完整体系。有关管理的理论和方法不仅适用于公私企业，也适用于军政机关和社会团体。这些是其一般管理理论的基石。他最主要的贡献在于以下三方面：

（1）从经营职能中独立出管理活动。

（2）强调教育的必要性。

（3）提出管理活动所需的五大管理职能和 14 项管理原则。法约尔将管理活动分为计划、组织、指挥、协调和控制五大管理职能，并进行了相应的分析和讨论。

法约尔提出的 14 项管理原则如下：

① 劳动分工。

② 权力与责任。

③ 纪律。

④ 统一指挥。

⑤ 统一领导。

⑥ 个人利益服从整体利益。

⑦ 人员的报酬。

⑧ 集中。

⑨ 等级制度。

⑩ 秩序。

⑪ 公平。

⑫ 人员的稳定。

⑬ 首创精神。

⑭ 人员的团结。

这三方面也是法约尔一般管理理论的核心。

法约尔的一般管理理论是科学管理理论的重要代表，后来成为管理过程学派的理论基础，也是以后各种管理理论和管理实践的重要依据，对管理理论的发展和企业管理的历程均有深刻影响。其中，某些原则甚至以"公理"的形式被人们接受和使用。因此，继泰勒的科学管理理论之后，法约尔的一般管理理论被誉为管理史上的第二座丰碑。

3. 韦伯的行政组织理论

韦伯是德国著名的社会学家，他在管理理论上的研究主要集中在组织理论方面，其主要贡献是提出了理想的行政组织理论。这一理论的核心是组织活动要通过职务或职位而不是通过个人或世袭地位来管理。他也认识到个人魅力对领导作用的重要性。他所讲的"理想的"，不是指最合乎需要的，而是指现代社会最有效、最合理的组织形式。之所以是"理想的"，是因为它具有如下一些特点：

（1）明确的分工。明确的分工，即对每个职位的权利和义务都应有明确的规定，人员按职业专业化进行分工。

（2）自上而下的等级系统。组织内的各个职位按照等级原则进行法定安排，形成自上而下的等级系统。

（3）人员的任用。人员的任用要完全根据职务的要求，通过正式考试和教育训练实行。

（4）职业管理人员。管理人员有固定的薪金和明文规定的升迁制度，他们是一种职业管理人员。

（5）遵守规则和纪律。管理人员必须严格遵守组织中规定的规则、纪律和办事程序。

（6）组织中人员之间的关系。组织中人员之间的关系完全以理性准则为指导，只是职位关系不受个人情感的影响。这不仅应适用于组织内部，而且应适用于组织与外界之间的关系。

韦伯认为，这种高度结构的、正式的、非人格化的理想行政组织体系是人们进行强制控制的合理手段，是达到目标、提高效率的有效形式。这种组织形式在精确性、稳定性、纪律性和可靠性方面都优于其他组织形式，能适用于当时所有的管理工作及日益增多的大型组织，如教会、国家机构、军队、政党、经济企业和各种团体。韦伯的这一理论对泰勒、法约尔的理论是一种补充，对后来的管理学家，尤其是组织理论学家有很大的影响，他被称为"组织理论之父"。

有关"韦伯的理想行政组织理论"的知识，感兴趣的同学可以参阅韦伯的代表作《社会组织与经济组织理论》。

2.1.2　行为科学理论

行为科学理论是管理理论的第二个阶段。行为科学理论认为，只有从人的行为本质中激发动力，才能提高效率。其研究目的就是对工人在生产中的行为及这些行为产生的原因进行分析研究，以便调节企业中的人际关系，提高生产效率。它研究的内容包括人的本性和需要、行为动机，尤其是生产中的人际关系。

1. 梅奥的霍桑实验

1924—1932年，美国国家科学研究委员会和美国西方电气公司合作，在霍桑工厂进行了有关工作条件、社会因素与生产效率之间关系的实验。

（1）实验的四个阶段。

① 工厂照明实验。

② 继电器装配实验。

③ 谈话研究。

④ 观察实验。

（2）发现以下现象：

① 工人们之间似乎有一个"合理的日工作量"。

② "树大招风"。

③ 在工人中形成一些非正式团体。

（3）得出以下三条结论：

① 工人是"社会人"，不仅仅是"经济人"。

② 企业中不但存在"正式组织"，而且存在"非正式组织"。

③ 新的领导能力在于通过提高工人的满意度来鼓舞工人的士气。

这三条结论构成了早期人际关系学说的主要内容，它也是后期行为科学的基本理论基础。

2. 人际关系学说

在霍桑实验的基础上，梅奥创立了人际关系学说，提出了与科学管理理论不同的新观点、新思想。人际关系学说的主要内容如下：

（1）工人是"社会人"。

（2）满足工人的社会欲望、提高工人的士气是提高生产效率的关键。

（3）企业存在"非正式组织"。

"正式组织"与"非正式组织"有较大的区别。在"正式组织"中，以效率的逻辑为重要标准；在"非正式组织"中，以情感的逻辑为重要标准。"正式组织"与"非正式组织"相互依存，对生产效率的提高有很大的影响。

人际关系学说的出现开辟了管理理论研究的新领域，弥补了科学管理理论忽视人的社会性的不足，同时，人际关系学说也为以后行为科学的发展奠定了基础。

3. 有关行为科学的理论

20 世纪 60 年代，出现了"组织行为学"这一名称，它专指管理学中的行为科学。组织行为学从它研究的对象和所涉及的范围来看，可分成三个层次，即个体行为、团体行为和组织行为。

2.1.3　现代管理理论

第二次世界大战以来，随着现代自然科学和技术的日新月异，生产和组织规模急剧扩大，生产力迅速发展，生产社会化程度不断提高，管理理论引起了人们的普遍重视。管理思想得到了丰富和发展，出现了许多新的管理理论和管理学说，并形成了众多的学派。

扫描二维码，可查阅 IP 课程的现代管理理论相关讲解。

1. 管理过程学派

该学派的基本观点如下：

（1）管理是一个过程，即让他人和自己去实现既定目标的过程。

（2）管理过程有五个职能，即计划工作、组织工作、人员配备、指挥、控制。

（3）管理职能具有普遍性，即各级管理人员都执行管理职能，但侧重点因管理级别的不同而不同。

（4）管理应具有灵活性，要因地制宜、灵活应用。

2. 经验学派

该学派主张通过分析经验（通常是一些案例）来研究管理学问题。该学派认为，通过分析、比较和研究各种各样成功与失败的管理经验，可以抽象出某些一般性的结构、理论或原理，有助于学生和从事实际工作的管理者理解管理原理，并使之有效地从事管理工作。

3. 新管理思想

近年来，伴随着社会的发展，形成了一些新的管理思想，具有代表性的有人本管理、知识管理、学习型组织、危机管理等。

（1）人本管理。人本管理就是以人为本的管理，即把人视为管理的主要对象及组织的重要资源，通过激励、调动和发挥员工的积极性与创造性，引导员工去实现预定的目标。

（2）知识管理。知识管理就是为实现显性知识和隐性知识共享寻找新的知识。它突出地体现在知识的创造和利用上，其根本目标就是通过知识共享，运用集体智慧，提高组织的应变能力和创新能力。

（3）学习型组织。作为一种管理思想，学习型组织是指充分发挥每一位成员的创造性思维能力，努力形成一种弥漫于群体与组织之间的学习氛围，凭借持续、有效的学习，使个体价值得到实现，使组织绩效得以大幅度提高。

（4）危机管理。危机管理是指个人或组织为防范危机、预测危机、规避危机、化解危机、渡过危机、减轻危机损害或有意识地利用危机等所采取的管理行为的总称。危机管理的目的在于减少乃至消除危机带来的危害。危机管理在安全生产管理中得到了广泛的应用。

2.2 安全的理论基础

2.2.1 事故概述

1. 事故的定义及分类

对于事故,从不同的角度出发,对其有不同的描述。关于事故的定义大概有四种,具体如图 2 - 1 所示。

图 2 - 1 事故的四种定义

常见的事故有以下四类:

(1) 伤亡事故。伤亡事故简称伤害,是个人或集体在行动过程中,接触了与周围条件有关的外来能量,该能量作用于人体,致使人体生理机能部分或全部损伤的现象。在生产区域中发生的和生产有关的伤亡事故称为工伤事故。

(2) 一般事故。一般事故也称为无伤害事故,是指人身没有受到伤害或只受到轻微伤害、停工短暂或与人的生理机能障碍无关的未遂事故。统计结果表明,事故中有伤害的一般事故占 90% 以上;它比伤亡事故的发生概率大十倍到几十倍。伤亡事故寓于一般事故之中,要消灭伤亡事故,必须先消灭或控制一般事故。

(3) 未遂事故。未遂事故是指有可能造成严重后果,但出于偶然因素,实际上没有造成严重后果的事件。1941 年,美国的海因里希对 55 万件机械事故进行统计后发现,死亡、重伤、轻伤和无伤害的事故件数之比为 1∶29∶300,这就是著名的海因里希法则。其中的无伤害事故是指既没有造成人员伤害,也没有造成财物损失和环境破坏的事故,即未遂事故,也称为险肇事故。海因里希法则的意义并不在于具体的数值 1∶29∶300,而在于指导人们要消除重伤事故，必须从消除大量的无伤害事件着手。

（4）二次事故。二次事故是指由外部事件或事故引发的事故。外部事件是指包括自然灾害在内的与本系统无直接关联的事件，绝大多数重大、特大事故主要是事故引发的二次事故造成的。

学习活动 1　煤矿事故法则分析

[活动目标]

用事故统计分析得出煤矿事故法则。

[活动时间]

约 30 分钟。

[活动步骤]

1. 阅读文字教材 2.2.1 小节中"1. 事故的定义及分类"的内容，找出描述事故实质的关键语句，在其下面画线。

2. 登录 IP 课件（三分屏），进入安全基础理论的讲解部分，熟悉事故分类的相关内容。

3. 明确事故分类统计分析的目的，收集相关的事故数据。

4. 有关专家和学者曾对这一问题做过一些初步研究，得到煤矿事故的结论是，对于采煤工作面所发生的顶板事故，其事故法则为死亡∶重伤∶轻伤∶无伤害 = 1∶12∶200∶400；对于全部煤矿事故，事故法则为死亡∶重伤∶轻伤 = 1∶10∶300。

5. 选择某一煤矿为主要数据收集对象。

[反馈]

海因里希的事故法则是从一般事故系统中得出的规律，其绝对数字不一定适用于行业事故。为了进行行业事故的预测和评价工作，有必要对行业事故法则进行研究。

2. 事故的基本特征

（1）因果性。所谓因果性，就是某种现象作为另一种现象发生的根据的两种现象之关联性。事故的起因乃是它和其他事物相联系的一种形式。事故是相互联系的诸原因的结果。事故这一现象和其他现象有着直接或间接的联系。从这一关系上来看是"因"的现象，在另一关系上却会以"果"出现，反之亦然。因果关系有继承性，或称为非单一性，也就是多层次的，即第一阶段的结果往往是第二阶段的原因。给人造成直接伤害的原因（或物体）是比较容易掌握的，这是由于它所产生的某种后果显而易见。然而，要找出究竟是何种原因，又经过何种过程造成这样的结果并非易事。因为随着时间的推移，会有种种因素同时存在，并且它们之间尚有某种相互关系，同时还可能由于某种偶然机会造成了事故后果。因此，在制定预防措施时，应尽最大努力掌握造成事故的直接原因和间接原因，深入剖析其根源，防止同类事故重演。

（2）偶然性、必然性和规律性。从本质上讲，伤亡事故属于在一定条件下可能发生，也可能不发生的随机事件。事故的发生包含所谓的偶然因素。事故的偶然性是客观存在的，与我们是否明了现象的原因全不相干。

事故是由于某种不安全的客观因素的存在，随时间进程产生某些意外情况而显现的一种现象。因为它或多或少地含有偶然的本质，故不易决定它所有的规律；但在一定范畴内，用一定的科学仪器或手段，可以找出近似的规律，从外部和表面上的联系找到内部决定性的主要关系。虽不详尽，却可知其近似规律。这就是从偶然性中找出必然性，认识事故发生的规律性，把事故消除在萌芽状态，变不安全条件为安全条件，化险为夷。这也就是防患未然、预防为主的科学意义。科学的安全管理就是从事故合乎规律的发展中去认识它、改造它，以达到安全生产的目的。

扫描二维码，可查阅煤矿企业伤害事故的特点。

（3）潜在性、再现性和预测性。在时间的推移中，事故会突然违反人的意愿而发生。时间实质上存在于一切过程的始终，是一去不复返的。无论人的全部活动还是机械体系作业时的运动，在其所经过的时间内，不安全的隐患都是潜在的，条件成熟就会显现，绝不会脱离时间而存在。

2.2.2　事故致因理论

事故致因理论是从大量典型事故本质原因的分析中所提炼出的事故机制和事故模型。这些机制和模型反映了事故发生的规律性，能够从理论上为事故原因的定性和定量分析、预测预防和改进安全管理工作提供科学、完整的依据。随着科学技术和生产的发展，事故发生的类型和规律在不断变化，人们对事故原因的认识和研究也在不断深入，因此，先后出现了十几种具有代表性的事故致因理论和事故模型。下面介绍其中几种。

1. 事故因果连锁理论

（1）海因里希的事故因果连锁理论。海因里希最早提出了事故因果连锁理论，又称为海因里希模型或多米诺骨牌理论，他用该理论形象地描述了事故的因果连锁关系。该理论的核心思想是，伤亡事故的发生不是一个孤立的事件，而是一系列原因事件相继发生的结果，即伤害与各原因相互之间具有连锁关系。海因里希的事故因果连锁理论如图 2 - 2 所示。

海因里希提出的事故因果连锁过程包括如下五种因素：

第一，遗传及社会环境（M）。遗传及社会环境是造成人的缺点的原因。遗传因素可能使人具有鲁莽、固执、粗心等性格特征；社会环境可能妨碍人的安全资质的培养，助长不良性格的发展。这种因素是因果链中最基本的因素。

第二，人的缺点失误（P）。人的缺点失误，即由于遗传及社会环境因素所造成的人的

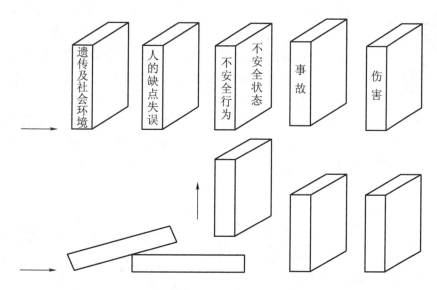

图2-2　海因里希的事故因果连锁理论

缺点。人的缺点是使人产生不安全行为或造成物的不安全状态的原因。这些缺点既包括诸如鲁莽、固执、易过激、神经质、轻率等性格上的先天缺陷，也包括诸如缺乏安全生产知识和技能等后天不足。

第三，人的不安全行为或物的不安全状态（H）。这两者是造成事故的直接原因。海因里希认为，人的不安全行为是由于人的缺点而产生的，是造成事故的主要原因。

第四，事故（D）。事故是指一种由于物体、物质或放射线等对人体发生作用，使人员受到伤害或可能受到伤害的、出乎意料的、失去控制的事件。

第五，伤害（A）。伤害即直接由事故产生的人身伤害。

上述 M—P—H—D—A 构成了事故因果连锁关系，可以用五块多米诺骨牌形象地加以描述：如果第一块骨牌倒下（第一个原因 M 出现），则发生连锁反应，后面的骨牌相继被碰倒，即骨牌代表的事件相继发生。

该理论积极的意义就在于，如果移去因果连锁中的任一块骨牌，则连锁被破坏，事故过程被中止。海因里希认为，企业安全工作的中心就是要移去中间的骨牌——防止人的不安全行为或消除物的不安全状态，从而中断事故连锁的进程，避免伤害的发生。

海因里希的"多米诺事故因果连锁论"毕竟是 20 世纪 30 年代的理论，有明显的不足之处，如对事故致因连锁关系的描述过于绝对化、简单化、"单链条"化。事实上，事故灾难往往是多链条因素交叉综合作用的结果；各块骨牌（因素）之间的连锁关系是复杂的、随机的，前面的骨牌倒下，后面的骨牌可能倒下，也可能不倒下；事故并不是全都造成伤害；人的不安全行为或物的不安全状态也并不是必然造成事故；等等。尽管如此，海因里希"直观化"的事故因果连锁理论关注了事故形成中的人与扫描二维码，可查阅 IP 课程的相关内容讲解。

物，开创了事故系统观的先河，促进了事故致因理论的发展，成为事故研究科学化的先导，具有重要的历史地位。

（2）博德的事故因果连锁理论。美国的安全顾问弗兰克·博德（Frank Bird）在海因里希事故因果连锁理论的基础上，提出了与现代安全观点更加吻合的事故因果连锁理论。

（3）亚当斯的事故因果连锁理论。美国学者亚当斯（Adams）提出了一种与博德的事故因果连锁理论类似的因果连锁模型，该模型以表格的形式给出，如表 2 - 1 所示。

表 2 - 1　亚当斯的事故因果连锁模型

管理体系	管理失误		现场失误	事故	伤害或损坏
目标 组织 机能	领导者在下述方面决策失误或没做决策： 方针政策 目标 规范 责任 职级 考核 权限授予	安全技术人员在下述方面管理失误或疏忽： 行为 责任 权限范围 规则 指导 主动性 积极性 业务活动	不安全行为 不安全状态	伤亡事故 损坏事故 无伤害事故	对人 对物

亚当斯的事故因果连锁理论的核心在于对现场失误背后的原因进行深入研究。操作者的不安全行为及生产作业中的不安全状态等现场失误是企业领导和安全技术人员的管理失误造成的。管理人员在管理工作中的差错或疏忽、企业领导者的决策失误，对企业经营管理及安全工作具有决定性的影响。管理失误又是企业管理体系中的问题所导致的，这些问题包括如何有组织地进行管理工作、确定怎样的管理目标、如何计划、如何实施等。管理体系反映了作为决策中心的领导者的信念、目标及规范，它决定了各级管理人员安排工作的轻重缓急、工作基准及指导方针等重大问题。

（4）北川彻三的事故因果连锁理论。前面几种事故因果连锁理论把考察的范围局限于企业内部。实际上，工业伤害事故发生的原因是复杂的，一个国家或地区的政治、经济、文化、教育、科技水平等诸多因素对伤害事故的发生和预防都有着重要的影响。

日本的北川彻三正是基于这种考虑，对海因里希的事故因果连锁理论进行了一定修正，提出了另一种事故因果连锁理论，如表 2 - 2 所示。

表2-2　北川彻三的事故因果连锁理论

基本原因	间接原因	直接原因		
学校教育的原因 社会的原因 历史的原因	技术的原因 教育的原因 身体的原因 精神的原因 管理的原因	不安全行为 不安全状态	事故	伤害

在北川彻三的事故因果连锁理论中，基本原因中的各个因素已经超出了企业安全工作的范围，考虑了导致事故发生的社会因素。但是，充分认识这些基本原因中的因素，对综合利用可能的科学技术和管理手段改善间接原因中的因素、达到预防伤害事故发生的目的是十分重要的。

2. 能量转移理论

在生产过程中，人类利用能量以实现生产目的。在正常的生产过程中，能量在各种约束和限制条件下，按照人们的意志流动、转换并做功。如果某种原因导致能量失去了控制，发生了异常或意外转移，则称发生了事故。

能量的种类有许多，如动能、势能、电能、热能、化学能、原子能、辐射能、声能和生物能等。人受到伤害都可以归结为上述一种或若干种能量的异常或意外转移。美国的麦克法兰特（McFarland）认为，所有的伤害事故（或损坏事故）都是因为：第一，接触了超过机体组织（或结构）抵抗力的某种形式的过量的能量；第二，机体组织与周围环境的正常能量交换受到了干扰（如窒息、淹溺等）。因此，各种形式的能量构成了伤害的直接原因。根据此观点，可以将能量引起的伤害分为以下两大类：

第一类伤害是由于转移到人体的能量超过了局部或全身性损伤阈值而产生的。例如，当球形弹丸以4.9牛顿的冲击力打击人体时，最多轻微地擦伤皮肤；而当重物以68.9牛顿的冲击力打击人的头部时，会造成头骨骨折。

第二类伤害是影响局部或全身性能量交换引起的。例如，物理因素或化学因素引起的窒息（如溺水、一氧化碳中毒等）；体温调节障碍引起的生理损害、局部组织损坏或死亡（如冻伤、冻死等）。

能量转移理论的另一个重要概念是在一定条件下，某种形式的能量能否导致人员伤害，除与能量大小有关以外，还与人体接触能量的时间和频率、能量的集中程度、身体接触能量的部位等有关。

与其他事故致因理论相比，能量转移理论具有以下两个主要优点：

（1）把各种能量对人体的伤害归结为伤亡事故的直接原因，从而决定了以对能量源及能量传送装置加以控制作为防止或减少伤害发生的最佳手段这一原则。

（2）依照该理论建立的对伤亡事故的统计分类是一种可以全面概括、阐明伤亡事故类型和性质的统计分类方法。

能量转移理论的不足之处是，由于意外转移的机械能（动能和势能）是造成工业伤害的主要能量形式，这就使按能量转移观点对伤亡事故进行统计分类的方法尽管具有理论上的优越条件，在实际应用上却存在困难，有待于对机械能的分类做更加深入、细致的研究，以便对机械能造成的伤害进行分类。

3. 基于人体信息处理的人失误事故模型

这类事故理论有一个基本观点，即人失误会导致事故，而人失误的发生是人对外界刺激（信息）反应的失误造成的。

（1）威格尔斯·沃思（Wiggles Worth）的事故模型。美国的威格尔斯·沃思在1972年提出，人失误构成了所有类型事故的基础。他把人失误定义为"（人）错误地或不适当地响应一个外界刺激"。他认为，在生产操作过程中，各种各样的信息不断地作用于操作者的感官，给操作者以"刺激"。若操作者能对刺激做出正确的反应，事故就不会发生；反之，如果操作者错误或不恰当地响应了一个刺激（人失误），就有可能出现危险。危险是否会带来伤害事故，则取决于一些随机因素。

威格尔斯·沃思的事故模型如图2－3所示。该模型绘出了人失误导致事故的一般模型。

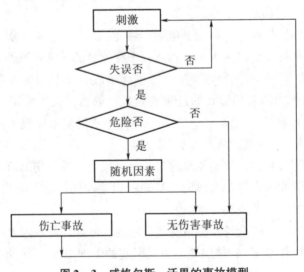

图2－3 威格尔斯·沃思的事故模型

（2）瑟利（Thiele）的事故模型。美国的瑟利把事故的发生过程分为危险构成和危险放出紧急时期两个阶段，这两个阶段各自包括一组类似于人的信息处理过程，即感觉、认识和行为响应过程。在危险出现阶段，如果人的信息处理过程的每个环节都正确，危险就能够被消除或得到控制；反之，只要任何一个环节出现问题，就会使操作者直接面临危险。在危险释放阶段，如果人的信息处理过程的各个环节都是正确的，虽然面临着已经显现出来的危险，但仍然可以避免危险释放出来，不会带来伤害或损害；反之，只要任何一个环节出错，危险就会转化成伤害或损害。瑟利的事故模型如图2－4所示。

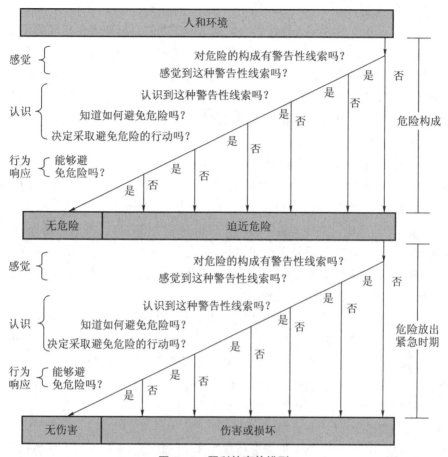

图 2 - 4　瑟利的事故模型

由图 2 - 4 可以看出，这两个阶段具有类似的信息处理过程，每个过程均可被分解成六方面的问题。下面以危险出现阶段为例，分别介绍这六方面问题的含义。

第一个问题：对危险的构成有警告性线索吗？在这里，警告的意思是指工作环境中是否存在安全运行状态和危险状态之间可被感觉到的差异。如果危险没有带来可被感知的差异，则会使人直接面临该危险。在实际生产中，危险即使存在，也并不一定直接显现出来。这一问题的启示就是要让不明显的危险状态充分地显示出来，这往往要采用一定的技术手段和方法来实现。

第二个问题：感觉到这种警告性线索吗？这个问题有两方面的含义：一是人的感觉能力如何，如果人的感觉能力差，或者注意力在别处，那么即使有足够明显的警告性线索，也可能未被察觉；二是环境对警告性线索的"干扰"如何，如果干扰严重，则可能妨碍对危险信息的察觉和接受。根据这个问题得到的启示是，感觉能力存在个体差异，提高感觉能力要依靠经验和训练，同时训练也可以提高操作者抗干扰的能力；在干扰严重的场合，要采用能避开干扰的警告方式（如在噪声大的场所使用光信号或与噪声频率差别较大的声信号）或加大警告性线索的强度。

第三个问题：认识到这种警告性线索吗？这个问题问的是操作者在感觉到警告性线索之后，是否理解了警告性线索所包含的意义，即操作者将警告性线索与自己头脑中已有的知识进行对比，从而识别出危险的存在。

第四个问题：知道如何避免危险吗？这个问题问的是操作者是否具备避免危险的行为响应的知识和技能。为了使这种知识和技能变得完善、系统，从而更有利于采取正确的行动，操作者应该接受相应的训练。

第五个问题：决定采取避免危险的行动吗？从表面上看，这个问题毋庸置疑，有危险，就要采取行动。但在实际情况下，人们的行动是受各种动机中的主导动机驱使的，采取行动避免危险的"避险"动机往往与"趋利"动机（如省时、省力、多挣钱、享乐等）交织在一起。当"趋利"动机成为主导动机时，尽管认识到危险的存在，并且知道如何避免危险，但操作者仍然会"心存侥幸"而不采取避险行动。

第六个问题：能够避免危险吗？这个问题问的是操作者在做出采取行动的决定后，是否能够迅速、敏捷、正确地在行动上做出反应。

在上述六个问题中，前两个问题都是与人对信息的感觉有关的，第三个至第五个问题是与人的认识有关的，第六个问题是与人的行为响应有关的。这六个问题涵盖了人的信息处理全过程，并且反映了在此过程中有很多发生失误进而导致事故的机会。

瑟利的事故模型适用于描述危险局面出现得较慢，如不及时改正，则有可能发生事故的情况。对于描述发展迅速的事故也有一定的参考价值。

4. 轨迹交叉理论

轨迹交叉理论的基本思想是，伤害事故是许多相互联系的事件顺序发展的结果，概括起来，这些事件不外乎人和物（包括环境）两大发展系列。当人的不安全行为和物的不安全状态在各自发展过程中（轨迹），在一定时间、空间发生了接触（交叉），能量转移于人体时，伤害事故就会发生。

轨迹交叉事故模型如图 2-5 所示。在图 2-5 中，起因物与致害物可能是不同的物体，也可能是同一个物体；同样，肇事人和受害人可能是不同的人，也可能是同一个人。轨迹交叉理论反映了绝大多数事故的情况。在实际生产过程中，只有少数事故仅仅是人的不安全行为或物的不安全状态引起的，绝大多数的事故是两者同时作用引起的。例如，日本劳动省通过对 50 万起工伤事故调查发现，只有约 4% 的事故与人的不安全行为无关，只有约 9% 的事故与物的不安全状态无关。

在人和物两大系列的运动中，两者往往是相互关联、互为因果、相互转化的。有时人的不安全行为促进了物的不安全状态的发展，或导致了新的物的不安全状态的出现；而物的不安全状态可以诱发人的不安全行为。因此，事故的发生可能并不是如图 2-5 所示那样简单地按照人、物两条轨迹独立地运行，而是呈现较为复杂的因果关系。

人的不安全行为和物的不安全状态是造成事故的直接原因，如果对它们进行进一步的考

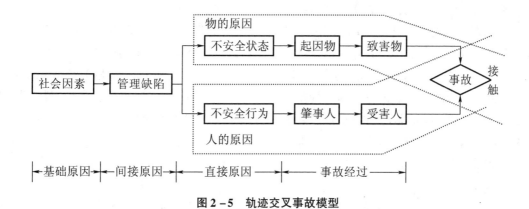

图 2 – 5 轨迹交叉事故模型

虑，则可以挖掘出两者背后更深层次的原因。

作为一种事故致因理论，轨迹交叉理论强调人的因素和物的因素在事故致因中占有同等重要的地位。按照该理论，可以通过避免人与物两种因素运动轨迹交叉来预防事故的发生。同时，该理论对于调查事故发生的原因也是一种较好的工具。

2.3 安全管理的理论基础

安全管理是指以安全为目的，通过管理的职能，进行有关安全方面的决策、计划、组织、指挥、协调、控制等工作，从而有效地发现、分析生产过程中的各种不安全因素，预防各种意外事故的发生，避免各种损失，保障员工的安全健康，推动企业安全生产的顺利进行，为提高经济效益和社会效益服务。安全管理的基本原理是对管理学基本原理的继承和发展，主要包括系统原理、人本原理、预防原理、强制原理和责任原理。

2.3.1 系统原理

系统是指由两个或两个以上相互联系、相互作用的要素所组成的，具有特定结构和功能的整体。

系统原理是指人们在从事管理工作时，运用系统的观点、理论和方法对管理活动进行充分的分析，以达到安全管理的优化目标，即从系统论的角度来认识和处理企业管理中出现的问题。

在管理活动中运用系统原理时应遵循以下原则：

1. 动态相关性原则

动态相关性原则是指任何管理系统的正常运转，不仅要受到系统自身条件和因素的制约，而且要受到其他有关系统的影响，并随着时间、地点及人们的不同努力程度而发生变化。因此，要提高管理的效果，必须掌握各个管理对象要素之间的动态相关特征，充分利用各要素之间的相互作用。

27

对于安全管理来说，动态相关性原则可从以下两方面考虑：

（1）系统内各要素之间的动态相关性是事故发生的根本原因。正因为构成管理系统的各要素处于动态变化之中，并相互联系、相互制约，才使事故有发生的可能性。

（2）为做好安全管理，掌握与安全有关的所有对象要素之间的动态相关特征，必须要有良好的信息反馈手段，能够随时随地掌握企业安全生产的动态，并且处理各种问题时要考虑各种事物之间的动态联系性。例如，当发现有员工违章时，不能只考虑员工自身的问题，而要同时考虑物和环境的状态、劳动作业安排、管理制度、教育培训等问题，甚至考虑员工的家庭和社会生活的影响。

2. 整分合原则

所谓整分合原则，是指为了实现高效的管理，必须在整体规划下明确分工，在分工基础上进行有效的综合。也就是说，在管理活动中，首先要从整体上把握系统的环境，分析系统的整体性质和功能，确定系统的总目标；然后围绕总目标，进行多方面的合理分解和分工，以构成系统的结构与体系；最后要在分工的基础上，对各要素、环节、部分及其活动进行系统综合、协调管理，以实现系统的总目标。

在安全管理领域中运用该原则，首先要求企业高层管理者在制定总目标和进行宏观决策时，必须将安全纳入其中，作为一项重要内容加以考虑；然后在此基础上对安全管理活动进行有效分工，明确每个员工的安全责任和目标；最后加强专职安全部门的职能，保证强有力的协调控制，实现有效的组织综合。

3. 弹性原则

在对系统外部环境和内部情况的不确定性给予事先考虑，并对发展变化的各种可能性及其概率分布进行较充分认识、推断的基础上，在制定目标、计划、策略等方面，相适应地留有余地、有所准备，以增强组织系统的可靠性和管理对未来态势的应变能力，这就是管理的弹性原则。

管理的弹性就是在系统面临各种变化的情况下，管理能机动灵活地做出反应，以适应变化的环境，使系统得以生存并求得发展。卓有成效的管理追求积极弹性，即在对变化的未来做科学预测的基础上，组织系统应当备有多种方案和预防措施，目的在于一旦态势有重大变化，能够不乱方寸、有备无患地做出灵活的应变反应，从而保证系统的可靠性。

弹性原则对于安全管理具有十分重要的意义。安全管理所面临的是错综复杂的环境和条件，尤其事故致因是很难被完全预测和掌握的，因此，安全管理必须尽可能保持良好的、积极的弹性。一方面，不断地推进安全管理的科学化、现代化，加强系统安全分析和危险性评价，尽可能做到对危险因素的识别、消除和控制；另一方面，要采取全方位、多层次的事故预防措施，实现全面、全员、全过程的安全管理。

4. 反馈原则

反馈是指被控制过程对控制机构的反作用，即内控制系统把信息输送出去，又把其作用结果返回来，并对信息的再输出产生影响，起到控制作用，以达到预定的目的。

现代企业管理是一项复杂的系统工程，其内部条件和外部环境都在不断地变化。因此，要发挥出组织系统的积极弹性作用并最终导向优化目标的实现，就必须对环境变化和每一步行动结果不断进行跟踪，及时、准确地掌握变动中的态势，进行"再认识、再确定"。一方面，一旦发现原计划、目标与客观情况发展有较大出入，就做出适时性的调整；另一方面，将行动结果的情况与原来的目标要求相比较，如有"偏差"，则采取及时、有效的纠偏措施，以确保组织目标的实现。这种为了实现系统目标，把行为结果传回决策机构，使因果关系相互作用，实行动态控制的行为准则就是管理的反馈原则。

5. 封闭原则

封闭原则是指在任何一个管理系统内部，管理手段、管理过程等必须构成一个连续的封闭回路，才能形成有效的管理活动。尽管任何系统都与外部进行着物质、能量、信息交换，但在系统内部是一个相对封闭的回路，这样物质、能量、信息才能在系统内部实现自律化与合理流通。

封闭原则有其相对性。从空间上讲，封闭系统不是孤立的存在，它在运行中与周围发生多种联系，其客观干扰在所难免；从时间上讲，执行指令的后果难以预测，需要时间的验证。因此，管理活动需要根据事物发展的客观需要，不断地完善封闭办法，理顺封闭渠道，排除封闭干扰，保持管理运行与控制的畅通、灵敏、及时、准确。

2.3.2　人本原理

现代管理学的人本原理是指管理者要达到组织目标，一切管理活动都必须以人为中心，以人的积极性、主动性、创造性的发挥为核心和动力来进行。人本原理的前提是，人不是单纯的"经济人"，而是具有多种需要的、复杂的"社会人"。

人本原理要求管理者研究人的行为规律，理解认知、需要、动机、能力、人格、群体和组织行为；掌握激励、沟通、领导规律，改善人力资源管理；了解人、关心人、尊重人、激励人，努力开发和利用人的创造力，实现人的社会价值；努力满足人的合理需要，开发人的潜能，实现人的自我价值。

在现实管理活动中，人本原理可以具体化、规范化为若干相应的管理原则，其中主要有管理的动力原则、能级原则、激励原则。

1. 动力原则

动力原则是指管理必须要有能够激发人的工作能力的动力，才能使管理运动持续、有效地进行。对于管理系统而言，基本动力有三类，即物质动力、精神动力和信息动力。物质动力是指物质待遇及经济效益的刺激与鼓励；精神动力主要是来自理想、道德、信念、荣誉等方面的鼓励和激励；信息动力是通过信息的获取与交流产生奋起直追或领先他人的动力。

2. 能级原则

现代管理理论认为，单位和个人都具有一定的能量，并且可按照能量的大小顺序排列，形成管理的能级，就像原子中电子的能级一样。在管理系统中，建立一个合理的能级，根据单位和个人能量的大小安排其工作，发挥不同能级的能量，保证结构的稳定性和管理的有效性，这就是能级原则。

3. 激励原则

激励原则就是利用某种外部诱因的刺激，调动人的积极性和创造性，以科学的手段激发人的内在潜力，使其充分发挥积极性、主动性和创造性。

人的工作动力主要来源于三方面：一是内在动力，指人本身具有的奋斗精神；二是外部压力，指外部施加于人的某种力量；三是吸引力，指那些能够使人产生兴趣和爱好的某种力量。这三种动力相互联系、相互作用。管理者要善于体察和引导，采用有效的措施和手段，因人而异、科学、合理地运用各种激励方法和激励强度，最大限度地发挥员工的内在潜力。

人本原理应用在企业安全管理中，具体表现在对"以人为本"安全理念的贯彻上。要实现"以人为本"的安全管理，首先，应加强企业的安全文化建设，严格执行安全生产相关的法律、法规，使"以人为本"的安全理念在安全生产意识形态领域中得到普及和加强。其次，要不断改善和提高客观生产条件，加大安全投入，以保障"以人为本"的安全理念在安全生产实践中得到落实。

2.3.3 预防原理

我国安全生产的方针是"安全第一、预防为主、综合治理"。通过有效的管理和技术手段，减少和防止人的不安全行为与物的不安全状态，从而使事故发生的概率降到最低，这就是预防原理。运用预防原理时应遵循以下四个原则：

1. 偶然损失原则

事故后果及其严重程度都是随机的、难以预测的。反复发生的同类事故并不一定产生完全相同的后果，这就是事故损失的偶然性。海因里希法则（1：29：300 法则）的重要意义在于，它指出了事故与事故后果之间存在偶然性的概率关系。偶然损失原则说明，在安全管理实践中，一定要重视各类事故，包括险肇事故，而且不管事故是否造成了损失，都必须做好预防工作。

2. 因果关系原则

因果关系原则是指事故的发生是许多因素互为因果连续发生的最终结果，只要诱发事故的因素存在，发生事故就是必然的，只是时间或迟或早而已。从因果关系原则中认识事故发生的必然性和规律性，要重视事故的原因，切断事故因素的因果关系链环，消除事故发生的必然性，从而把事故消灭在萌芽状态。

3. 3E 原则

造成人的不安全行为和物的不安全状态的原因可归结为四方面：技术原因、教育原因、身体和态度原因、管理原因。针对这四方面的原因，可以采取三种预防事故的对策，即工程技术（Engineering）对策、教育（Education）对策和法制（Enforcement）对策，即 3E 原则。

4. 本质安全原则

本质安全是指设备、设施或技术工艺含有内在的、能够从根本上防止发生事故的功能。它包括以下内容：

（1）失误 – 安全（Fool – Proof）功能。

（2）故障 – 安全（Fail – Safe）功能。

（3）上述两种安全功能应在设备、设施的规划设计阶段就被纳入其中，而不是事后补偿，包括在设计阶段就采用无害的工艺、材料等。

遵循这样的原则，可以从根本上消除事故发生的可能性，从而达到预防事故发生的目的。本质安全是安全管理预防原理的根本体现，是安全管理的最高境界。

有关"预防原理及相应的原则"更详尽的知识，感兴趣的同学可以扫描二维码，观看网络课程的相关内容。

要想做好安全管理工作就必须把握"预防原理"，在完善各项安全规章制度、开展安全教育、落实安全责任的同时，多举措做好安全管理工作的全过程控制，使事故发生率降到最低，真正在安全工作上做到"防微杜渐"。

学习活动 2　预防原理的实现

[活动目标]

　分析煤矿事故，总结导致事故的原因，探讨预防事故发生的机制。

[活动时间]

　约 30 分钟。

[活动步骤]

　1. 阅读文字教材中"2.3.3　预防原理"的内容，找出描述预防原理的关键语句，在其下面画线。

　2. 登录 IP 课件（三分屏），进入安全管理理论的讲解部分，熟悉安全管理原理的相关内容。

　3. 明确事故发生的机制，收集相关的事故数据。

　4. 根据预防原理的因果关系，分析事故的主要原因，再进一步分析深层次的原因，在此基础上总结如何预防事故的发生。

　5. 选择某一煤矿为主要数据收集对象。

[反馈]

　安全管理应以预防为主，通过有效的管理和技术手段，减少和防止人的不安全行为与物的不安全状态，从而使事故发生的概率降到最低。

2.3.4 强制原理

强制就是绝对服从，无须经被管理者同意便可采取控制行动。采取强制管理的手段控制人的意愿和行为，使个人的活动、行为等受到管理要求的约束，从而有效地实现管理目标，这就是强制原理。

安全管理需要强制性是由事故损失的偶然性、人的"冒险"心理及事故损失的不可挽回性决定的。安全强制管理的实现，离不开严格合理的法律、法规、标准和各级规章制度，这些法规、制度构成了安全行为的规范。同时，还要有强有力的管理和监督体系，以保证被管理者始终按照行为规范进行活动，一旦其行为超出规范的约束，就要有严厉的惩处措施。因此，在安全管理活动中应用强制原理时，应遵循以下两个原则：

1. 安全第一原则

安全第一就是要求在进行生产和其他工作时把安全放在一切工作的首要位置。当生产和其他工作与安全发生矛盾时，要以安全为主，生产和其他工作要服从安全，这就是安全第一原则。贯彻安全第一原则，要求在计划、布置、实施各项工作时首先想到安全，预先采取措施，防止事故发生。需要指出的是，安全第一要落到实处，必须要有经济基础、文化理念、法规制度等的支撑。

2. 监督原则

监督原则是指在安全工作中，为了落实安全生产法律、法规，必须授权专门的部门和人员行使监督、检查和惩罚的职责，对企业生产中的守法和执法情况进行监督，追究和惩戒违章失职行为，这就是安全管理的监督原则。

2.3.5 责任原理

各级组织和个人负责任、履行职责是实现安全的基石。责任是指责任主体方对客体方承担必须承担的任务，完成必须完成的使命，做好必须做好的工作。在管理活动中，责任原理是指管理工作必须在合理分工的基础上，明确规定组织各级部门和个人必须完成的工作任务和相应的责任。

在安全管理和事故预防中，责任原理体现在很多方面。例如，安全生产责任制的制定和落实、事故责任问责制，以及越来越被国际社会推行的 SA 8000 社会责任标准等。在安全管理活动中，运用责任原理，大力强化安全管理责任建设，建立健全安全管理责任制，构建落实安全管理责任的保障机制，促使安全管理责任主体到位，且强制性地安全问责、奖罚分明，才能推动企业履行应有的社会责任，提高安全监管部门的监管力度和效果，激发和引导好广大社会成员的责任心。

本 章 小 结

【安全管理理论基础概述】

❖ 管理的理论基础

- ✓ 描述科学管理理论
- ✓ 描述行为科学理论
- ✓ 叙述现代管理理论
- ✓ 对比行为科学理论和现代管理理论的优劣

❖ 安全的理论基础

- ✓ 描述事故的定义和基本特征
- ✓ 列出几种事故致因理论
- ✓ 阐述在事故预防和控制中事故致因理论的作用

❖ 安全管理的理论基础

- ✓ 描述系统原理
- ✓ 分析系统原理的动态相关性原则、整分合原则、弹性原则、反馈原则、封闭原则在安全管理中的应用
- ✓ 叙述人本原理
- ✓ 阐述人本原理的动力原则、能级原则、激励原则的内涵
- ✓ 叙述预防原理的含义
- ✓ 正确理解偶然损失原则的含义
- ✓ 结合预防原理的因果关系原则，正确理解事故的因果关系
- ✓ 叙述运用3E原则预防事故发生的方法
- ✓ 阐述安全管理更需要强制性的原因
- ✓ 结合当前事故发生的原因，分析责任原理的意义

自 测 题

一、选择题

2-1 在任何一个管理系统内部，管理手段、管理过程等必须构成一个连续的（　　）回路，才能形成有效的管理活动。

　　A. 变化　　　　　　　B. 传输　　　　　　　C. 封闭　　　　　　　D. 循环

2-2 海因里希的事故因果连锁理论把事故发生过程概括为五个因素，对这五个因素的正确描述是（　　）。

　　A. 管理缺陷；环境缺陷；人的不安全行为和物的不安全状态；事故；伤害

　　B. 遗传及社会环境；人的缺点；直接原因；事故；伤害

C. 基本原因；间接原因；人的不安全行为和物的不安全状态；事故；损失

D. 遗传及社会环境；人的缺点失误；人的不安全行为与物的不安全状态；事故；伤害

2-3 人本原理中的激励原则是指以科学的手段激发人的（　　），使其充分发挥积极性、主动性和创造性。

A. 内在潜力　　　B. 创造热情　　　C. 个人兴趣　　　D. 合作精神

2-4 安全管理中的本质化原则是指从一开始和本质上实现安全化，从（　　）上消除事故发生的可能性。

A. 技术　　　　B. 根本　　　　C. 管理　　　　D. 思想

2-5 预防原理的含义是安全生产管理工作应该做到（　　），通过有效的管理和技术手段，减少和防止人的不安全行为与物的不安全状态，从而防止事故的发生。

A. 安全优先　　　B. 安全第一　　　C. 以人为本　　　D. 预防为主

二、判断题

2-6 在安全生产中，消除危害人身安全和健康的因素，保障员工安全、健康、舒适地工作，称为设备安全。　　　　　　　　　　　　　　　　（　　）

2-7 消除损坏设备、产品等的危险因素，保证生产正常进行，称为人身安全。　　　　　　　　　　　　　　　　　　　　　　　　　　　（　　）

2-8 人在安全管理中是最重要的因素。　　　　　　　　　　　　（　　）

三、名词解释

2-9 事故

2-10 预防原理

四、简答题

2-11 事故的基本特性有哪些？

2-12 安全管理更需要具有强制性，这是基于哪些原因？

五、论述题

2-13 什么是海因里希法则？它对安全管理有何启示？

第3章　安全文化建设

导　　言

　　安全文化是持续实现安全生产不可或缺的"软"支撑。随着社会实践和生产实践的发展，人们发现，仅靠科技手段往往达不到生产的本质安全，需要有文化和科学管理手段的补充与支撑。

　　本章将要学习安全文化建设。倡导、培育安全文化可以使人们对安全问题产生兴趣，树立正确的安全观和安全理念，使被管理者在内心深处认识到安全是自己所需要的，而非别人所强加的；使管理者认识到不能以牺牲劳动者的生命和健康来发展生产，从而使"以人为本"落到实处，安全生产工作变外部约束为主体自律，以达到减少事故、提升安全水平的目的。

　　本章在内容安排上，首先介绍安全文化的起源与发展、安全文化与安全管理的关系，然后在此基础上重点讨论煤矿安全文化的建设。学习这些内容对于在实际工作中更好地发挥安全文化的作用具有很好的实用价值。

学习目标

认知目标

1. 叙述安全文化的起源与发展。

2. 阐述安全文化的定义和范畴。

3. 叙述安全文化与安全管理的关系。

4. 叙述安全文化建设的核心内容和目标。

5. 列举煤矿安全文化建设的实例。

技能目标

1. 根据不同情况制定煤矿安全文化体系的内容。

2. 结合煤矿企业的安全现状，思考如何利用煤矿安全文化手段预防事故的发生。

情感目标

　　对煤矿安全文化的相关知识产生兴趣，培养较强的安全生产自主意识。

3.1　煤矿安全文化概述

　　文化是人类群体带有传统、时代和地域特点的，明显的或隐含的处理问题的方式和机制。安全文化反映的就是在一定时期和地域条件下，组织与个人明显的或隐含的处理安全问题的方式和机制。显然，好的安全文化有利于安全管理，有利于预防事故；不好的安全文化阻碍安全管理，甚至导致其失灵，容易导致事故的发生。

3.1.1 安全文化的起源与发展

安全文化伴随着人类的产生而产生、伴随着人类社会的进步而发展。但是，人类有意识地发展安全文化还仅仅是近 30 年的事情。1986 年，国际原子能机构（International Atomic Energy Agency，IAEA）国际核安全咨询组（International Nuclear Safety Advisory Group，INSAG）在其提交的《关于切尔诺贝利核电厂事故后的审评总结报告》中首次使用了"安全文化"一词，这标志着核安全文化概念被正式引入核安全领域。1988 年，国际原子能机构又在其《核电厂基本安全原则》中将安全文化的概念作为一种重要的管理原则予以确定，并渗透到核电厂及核能相关领域中。随后，国际原子能机构在 1991 年编写的《安全文化》（INSAG - 4 报告）中，首次定义了安全文化的概念，完整地阐述了安全文化的理念和评价安全文化的标准，并建立了一套核安全文化建设的思路和策略。

我国核工业总公司紧随国际核工业安全的发展趋势，不失时机地把国际原子能机构的研究成果和安全理念引入我国。1992 年，《核安全文化》一书的中文版出版。1993 年，时任我国劳动部部长的李伯勇指出，"要把安全工作提高到安全文化的高度来认识"。在这一认识的基础上，我国的安全科学界把这一高技术领域的思想引入传统产业，把核安全文化深化到一般安全生产与安全生活领域，从而形成了一般意义上的安全文化。安全文化从核安全文化、航空航天安全文化到企业安全文化，逐渐拓宽到全民安全文化。

伴随着人类的生存与发展，人类的安全文化可分为以下四大发展阶段：

（1）17 世纪前，人类的安全观念是宿命论，行为特征如下：被动承受型是人类古代安全文化的特征。

（2）17 世纪末至 20 世纪初，人类的安全观念提高到经验论水平，行为方式有了"事后弥补"的特征。这种由被动变为主动的行为方式、从无意识变为有意识的安全观念不能不说是一种进步。

（3）20 世纪 50 年代，随着工业社会的发展和技术的进步，人类的安全认识论进入系统论阶段，从而在方法论上能够推行安全生产与安全生活的综合型对策，进入了近代的安全文化阶段。

（4）20 世纪 50 年代以来，人类对高新技术的不断应用，如宇航技术的利用、核技术的利用、信息化社会的出现，使人类的安全认识论进入本质论阶段，超前预防型成为现代安全文化的主要特征，这种高技术领域的安全思想和方法论推进了传统产业与技术领域的安全手段及对策的进步。

由此可归纳出人类安全文化的发展脉络，如表 3 - 1 所示。

表 3-1　人类安全文化的发展脉络

各时代的安全文化	观念特征	行为特征
古代安全文化	宿命论	被动承受型
近代安全文化	经验论	事后型, 亡羊补牢
现代安全文化	系统论	综合型, 人—机—环境对策
发展的安全文化	本质论	超前预防型

安全文化理论与实践的认识和研究是一项长期的任务, 随着人们对安全文化的理解、运用和实践的不断深入, 人类安全文化的内涵必定会丰富起来; 社会安全文化的整体水平也会不断提高; 企业也将通过安全文化的建设, 使员工的安全素质得以提高、事故预防的人文氛围和物化条件得以实现。

通过对安全文化的研究, 人类已经初步认识到, 发展安全文化的方向定位是面向现代化、面向新技术、面向社会和企业的未来、面向决策者和社会大众; 发展安全文化的基本要求是要体现社会性、科学性、大众性和实践性; 发展建设安全文化的最终目的是为人类生活的安康和生产的安全提供精神动力、智力支持、人文氛围和物态环境。

3.1.2　安全文化的定义

要对安全文化下定义, 首先需要引用文化的概念。目前对于文化的定义有 100 余种。显然, 从不同的角度, 在不同的领域, 为了不同的应用, 对文化的理解和定义是不同的。文化是明显的或隐含的处理问题的方式和机制; 在一种不断满足需要的过程中, 观念、习惯、习俗在一个群体中被确立, 并在一定程度上被规范化; 文化是一种生活方式, 它产生于人类群体, 并被有意识或无意识地传给下一代。

在安全生产领域中, 一般从广义角度来理解文化的含义。这里文化不仅仅是通常的"学历""文艺""文学""知识"的代名词, 从广义的概念来认识, "文化是人类活动所创造的精神财富和物质财富的总和"。对文化的不同理解会产生对安全文化的不同定义。归纳关于安全文化定义的论述, 一般有"狭义说"和"广义说"两类, 如图 3-1 所示。

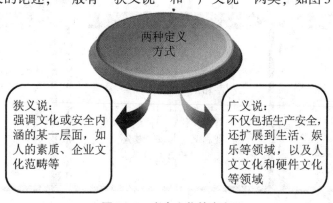

图 3-1　安全文化的定义

在《煤矿安全文化建设导则》（AQ/T 1099—2014）中给出的安全文化的定义如下：安全文化是指在安全生产管理及实践过程中累积形成的价值观念、团体意识、工作作风、思维方式和行为规范、安全技能和安全知识、工作及生活环境的总和。

3.1.3 煤矿安全文化的范畴、功能和作用

1. 煤矿安全文化的范畴

"防为上，救次之，戒为下"。安全文化统筹兼顾"防""救""戒"，突出"防"。安全文化是一个具有一定模糊性的大概念，它包含的对象、领域、范围是广泛的。安全文化的范畴可从以下两方面来理解：

（1）安全文化的层次性。从文化的形态来说，安全文化的范畴包含安全观念文化、安全行为文化、安全管理文化和安全物态文化。安全观念文化是安全文化的精神层，也是安全文化的核心层；安全行为文化和安全管理文化是中层部分；安全物态文化是安全文化的表层部分，或称为安全文化的物质层。安全文化的层次结构如图 3-2 所示。

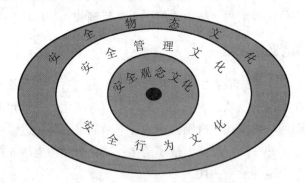

图 3-2　安全文化的层次结构

各种安全文化的内涵解释如图 3-3 所示。

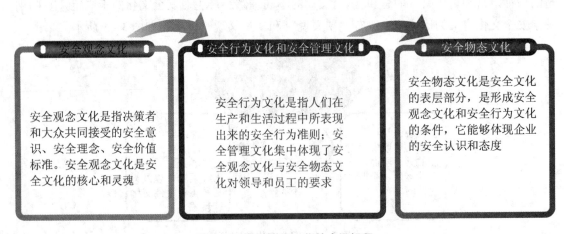

安全观念文化	安全行为文化和安全管理文化	安全物态文化
安全观念文化是指决策者和大众共同接受的安全意识、安全理念、安全价值标准。安全观念文化是安全文化的核心和灵魂	安全行为文化是指人们在生产和生活过程中所表现出来的安全行为准则；安全管理文化集中体现了安全观念文化与安全物态文化对领导和员工的要求	安全物态文化是安全文化的表层部分，是形成安全观念文化和安全行为文化的条件，它能够体现企业的安全认识和态度

图 3-3　各种安全文化的内涵解释

在《煤矿安全文化建设导则》（AQ/T 1099—2014）中指出，精神文化是指煤矿在生产过程中，受社会文化背景、意识形态影响而形成的精神成果和文化观念。制度文化是指围绕煤矿核心价值观，要求全体员工共同遵守，按一定程序执行的行为方式及与之相适应的组织机构、规章制度的总和。安全价值规范文化是指安全价值观念外化的手段和工具，是安全价值观念的社会化形式，即关于安全价值标准和道德规范标准的总和。物质文化是指以物质为载体，由煤矿生产环境、设备设施等构成的外显文化。

（2）安全文化的差异性。从安全文化的作用对象来说，文化是针对具体的人而言的，面对不同的对象，即使是同一种文化，也会有所区别。因此，针对不同的对象，安全文化所要求的内涵、层次、水平也不同，这就是安全文化对象体系的内容。

 有关"煤矿安全文化的结构层次"更详尽的知识，感兴趣的同学可以参阅李爽著的《煤矿安全文化的研究与思考》。

2. 安全文化的功能和作用

文化具有实践性、人本性、民族性、开放性、时代性。在生活和生产过程中，保障安全的因素有很多，如环境的安全条件，生产设施、设备和机械等生产工具的安全可靠性，安全管理的制度等，但归根结底是人的安全素质，人的安全意识、态度、知识、技能等。安全文化的建设对提高人的安全素质可以发挥重要的作用。人们常说文化是一种力，那么这个"力"有多大？这个"力"表现在哪些方面？从国内外安全生产做得比较好的企业来看，文化力应第一表现为影响力，第二表现为激励力，第三表现为约束力，第四表现为导向力。这四种力也可称为四种功能，如图3-4所示。

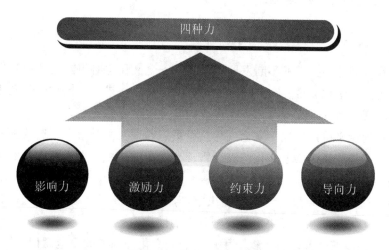

图3-4　安全文化的功能

（1）影响力。影响力是通过观念文化的建设影响决策者、管理者、员工对安全的态度和观念，进而强化企业员工乃至社会成员的安全意识。

（2）激励力。激励力是通过观念文化和行为文化的建设，激励每个人安全行为的自觉性。具体对于企业决策者来说，就是要对安全生产投入足够的重视度和积极的管理态度；对于员工来说，则是激励其更加重视安全，自觉遵章守纪。

（3）约束力。约束力是通过强化政府行政的安全责任意识，约束其审批权；通过强化安全管理，提高企业决策者的安全管理能力和水平，规范其管理行为；通过安全生产制度的建设，约束员工的安全生产施工行为，消除违法违章现象。

（4）导向力。导向力是对全体社会成员的安全意识、态度、观念、行为的引导。对于不同层次、不同生产或生活领域、担任不同社会角色和社会责任的人，安全文化的导向作用既有相同之处，也有不同之处。例如，无论什么人，他们的安全意识和态度都应该是一致的；安全的观念和具体的行为方式则会随着具体的层次、角色、环境和责任的不同而不同。

随着工业的发展和社会的进步，安全文化的影响力、激励力、约束力、导向力对安全生产的保障作用将越来越明显地表现出来。这一点在人类的安全科技发展史中已得到充分的证明，即早期的工业安全主要靠安全技术的手段（物化的条件）；在安全技术达标的前提下，进一步提高系统安全性，需要安全管理的手段；要加强管理的力度，人类应用了安全法规的手段；在依靠技术、管理和制度手段等常规方法还难以控制或消灭事故的情况下，必须从文化氛围和文化熏陶的角度展开对人们安全观念的更新和改造，以弥补常规方法的不足，人类便需要筑起一道安全文化防线，依靠文化的功能和力量，预防事故，保障安全生产。

3.2　安全文化与安全管理

3.2.1　安全文化与安全管理的关系

随着安全管理理论与技术的不断发展和深化，安全文化也必将随之得到升华。为了实现持久的生产、生活与生存安全，需要深入地研究安全文化，进一步探索安全文化与安全管理的关系，力争实现两者互为支撑与相互促进，为安全生产保驾护航。

由安全文化的定义可以看出，安全文化具有意识和现实两种形态，这两种形态在安全管理中都得到了很好的体现。安全文化与安全管理有内在的联系，但不可相互取代，两者相辅相成，又互相促进。

（1）安全文化对安全管理有着影响和决定作用。安全文化的水平影响安全管理的机制和方法，安全文化的氛围和特征决定了安全管理的模式。

（2）安全文化是安全管理的"软"手段。安全文化提高人的安全意识、规范人的行为，并运用灵活、全面、能动的手段，充分发挥其信仰凝聚、行为激励、行为规范、认识导向等作用。

（3）安全管理有赖于安全文化核心理念的支撑和指导。安全管理是以往安全文化思想与成果在现实形态上的体现，其进步与发展丰富了安全文化，为培育和塑造安全文化提供了必要的手段。

（4）安全管理是安全文化理念及层次水平的反映。有什么样的安全文化就会形成什么样的安全管理，安全管理模式的创新需要安全文化的不断创新与发展。

总之，安全文化能够促进安全管理的理论与机制创新，安全管理的改进与提高反过来又能激励安全文化的传承与发扬。正确地处理安全文化与安全管理的关系，无论对安全文化的培育和优良安全文化氛围的营造，还是对做好日常安全管理工作，实现安全的生产、生活与生存，都有十分深远的意义。

3.2.2　安全生产"三双手"与"五要素"

我国安全专家提出了实现安全生产"三双手"与"五要素"。

实现安全生产"三双手"是指既看得见又摸得着的手——安全机器装备、工程设施等；看不见但摸得着的手——安全法规、制度等；既看不见又摸不着的手——安全文化、习俗等。其中，安全文化是最重要的手。

安全生产"五要素"是指安全文化、安全法制、安全责任、安全科技、安全投入。根据"五要素"的内容、排序和对安全生产发挥的作用，不难看出，做好企业安全文化建设对企业的安全生产有重要的作用。

安全文化作为安全生产的第一要素，可见它是企业安全生产的核心和灵魂。特别是在当前市场经济发展的社会主义初级阶段，社会处于转型期，伤亡事故出现了频发高涨的趋势，所以探索新的应对方法、树立新的理念是非常必要的。相关调查统计结果显示，80%乃至更多的事故都与人的不安全行为有关。因此，提升决策者、管理者及劳动者的安全文化理念和科技素质，是预防事故、提升安全生产水平的重要举措。只有把安全生产工作提高到安全文化的高度来认识，并不断提升全社会成员的安全文化理念和科技素质，安全形势才会有根本性的好转。

倡导、弘扬、创新和塑造具有企业特色的安全文化，让劳动者和生产经营者都理解安全生产，具有安全价值观、安全生命观，坚定不移地树立"安全第一、人命关天，珍惜生命、尊重人权"的理念，同时给员工创造培训、深造的机会，使企业员工的安全科技文化素质达到同当代工业发展与时俱进的水平；通过安全文化的物质层面、制度层面、行为层面及价值观念层面潜移默化的影响，企业员工形成现代工业生产所需的安全意识、安全思维、安全价值观、安全行为规范及安全哲学观；通过安全文化功能与作用的发挥及氛围的熏陶，才能培养并塑造适应市场经济发展、安全文化素质高的劳动者。安全文化作为安全生产的"五要素"之首，是安全生产的基础、核心与灵魂。

有关"煤矿安全文化建设"的知识，感兴趣的同学可以查阅典型煤矿企业安全管理模式研究。

3.3 安全文化的建设和发展

3.3.1 安全文化建设的核心内容和目标

1. 安全文化建设的核心内容

安全文化建设的问题，归根结底，是安全价值观念塑造的问题。因此，安全文化建设的核心内容就是安全观念文化的建设。

安全观念文化是人们在长期的生产实践活动过程中所形成的一切反映人们的安全价值取向、安全意识形态、安全思维方式、安全道德观等精神因素的统称，如图 3-5 所示。

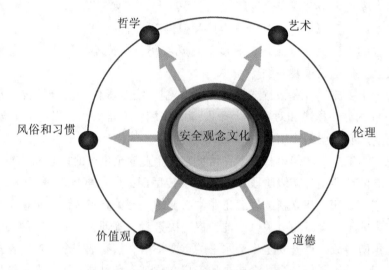

图 3-5　安全观念文化的范围

依靠严格的安全管理、完善的法规制度、健全的监管网络，仍然无法杜绝事故的发生。只有通过安全观念文化的培养与熏陶，使员工从内心深处形成"安全第一"的本能意识，才能最终实现本质安全。

安全观念文化是关于安全工作及安全管理的思想、认识等，这种思想、认识将时时处处指导和影响员工的行动方向与行动效果。

2. 安全文化建设的目标

（1）全面提高企业全员的安全文化素质。企业安全文化建设应以培养员工的安全价值观念为首要目标，分层次、有重点、全面地提高企业员工的安全文化素质。

（2）提高企业安全管理的水平和层次。管理活动是人类发展的重要组成部分，它广泛体现在社会文化活动中，企业安全文化建设的目标之一是提升企业的安全管理水平和层次。传统安全管理必须要向现代安全管理转变，无论管理思想、管理理念、管理方法还是管理模式等，都需要进一步改进。企业应建立健全职业安全健康管理体系，建立富有自身特色的安全管理体系，针对企业自身的风险特点和类型，实施超前预防管理。

（3）营造浓厚的安全生产氛围。通过丰富多彩的企业安全文化活动，在企业内部营造一种"关注安全，关爱生命"的良好氛围，促使企业更多的人和群体对安全有新的、正确的认识与理解，将全体员工的安全需要转化为具体的愿景、目标、信条和行为准则，使其成为员工安全生产的精神动力，并为企业的安全生产目标而努力。

（4）树立企业良好的外部形象。企业文化作为企业的商誉资源，是企业核心竞争力的一个重要体现。企业安全文化建设的目标之一是树立企业良好的外部形象，提升企业核心竞争力中的"软"实力，在企业投标、信贷、寻求合作、占有市场、吸引人才等方面发挥出巨大的作用。

3.3.2　安全文化的建设与实践

1. 安全文化建设的层次结构模式

如图 3 - 6 所示，安全文化建设的层次结构模式归纳了安全文化建设的形态与层次结构的内涵和联系。横向结构体系包括观念文化、管理与法制文化、行为文化和物态文化四个安全文化方向。纵向结构体系，按层次系统划分，第一个层次是安全文化的形态；第二个层次是安全文化建设的目标体系；第三个层次是安全文化建设的模式和方法。

图 3 - 6　安全文化建设的层次结构模式

根据系统工程的思想，还可以设计出安全文化建设的系统工程模式，即从包含建设领域、建设对象、建设目标、建设方法四个层次的系统出发，将一个企业安全文化建设所涉及的系统分为企业内部和企业外部。只有全面进行系统建设，企业的安全生产才有文化的基础和保障。不同行业的安全文化建设情况不同。例如，对于交通、民航、石油化工、商业与娱乐行业，安全文化建设就不能仅仅考虑在企业或行业内部进行，还必须考虑外部或社会系统建设问题。

2. 企业安全文化建设

企业安全文化是企业文化和安全文化的重要组成部分，因此，企业应将安全文化作为企业文化培育和发展的一个突出重点。具体来说，企业安全文化建设可通过以下四种方式进行：

（1）班组及职工的安全文化建设。倡导科学、有效的基层安全文化建设手段，如三级教育（333模式）、特殊教育、检修前教育、开停车教育、日常教育、持证上岗、班前安全活动、标准化岗位和班组建设、技能演练和"三不伤害"（不伤害自己、不伤害他人、不被他人伤害）活动等。

推行如下现代的安全文化建设手段："子群"（群策、群力、群管）组建小家活动、"绿色工程"建设、事故判定技术、危险预知活动、机制、家属安全教育、"仿真"（应急）演习等。

（2）管理层及决策者的安全文化建设。运用传统、有效的安全文化建设手段，如全面安全管理、"四全"（全员、全过程、全方位、全天候）安全活动、责任制体系、"三同时"（同时设计、同时施工、同时投入生产和使用）、定期检查制、有效的行政管理、经济奖惩、岗位责任制大检查等。

推行如下现代的安全文化建设手段：目标管理方法、无隐患管理方法、系统科学管理、系统安全评价、动态风险预警模式、应急预案、事故保险对策等。

（3）生产现场的安全文化建设。运用传统的安全文化建设手段，如安全标语、安全标志（禁止标志、警告标志、指令标志等）、事故警示牌等。

推行如下现代的安全文化建设手段：技术及工艺的本质安全、安全标准化建设、车间安全生产工作日计时、气防管理（尘、毒、烟）、"四查"（查岗位、查班组、查车间、查厂区）工程、"三点"（事故多发点、危险点、危害点）控制等。

（4）企业人文环境的安全文化建设。运用传统的安全文化建设手段，如安全宣传墙报、安全生产周（日、月）、安全竞赛活动、安全演讲比赛、事故报告会等。

推行如下现代的安全文化建设手段：安全文艺（晚会、电影、电视）活动、安全文化月（周、日）、事故祭日（或建事故警示碑）、安全贺年活动、安全宣传的"三个一工程"（一场晚会、一幅新标语、一块墙报）、青年职工的"六个一工程"（查一个事故隐患、提一条安全建议、创一条安全警示语、讲一件事故教训、当一周安全监督员、献一笔安全经费）等。

3.4 煤矿安全文化建设实践

煤矿安全文化建设是我国新兴的安全体系，也是煤矿企业势在必行的体系建设之一。构建一套完善的安全文化建设的措施，可以在有效地避免事故发生的同时，大力发展煤矿企业的生产。目前，煤矿企业已具备一套适合自身发展的安全文化建设体系，大体上是在增加物态文化的同时，加强员工的安全意识，在完善的制度下，提高员工的责任心。

3.4.1 煤矿安全文化建设的原则和基本要求

1. 煤矿安全文化建设的原则

（1）符合国家有关法律、法规和国家标准、行业标准的要求。

（2）与煤矿其他管理体系协调一致。

（3）定期或不定期进行评价。

（4）符合煤矿安全生产实际。

2. 煤矿安全文化建设的基本要求

煤矿安全文化建设的基本要求包括安全文化建设应贯彻国家、行业基础管理标准；充分吸收和借鉴先进安全文化建设的理论与经验，结合实际，将其应用于安全文化建设和实施。

3.4.2 煤矿安全文化的构成

煤矿安全文化是精神文化、制度文化和物质文化的总和，由煤矿安全文化理念识别系统、煤矿安全文化行为识别系统、煤矿安全文化视觉识别系统、煤矿安全文化听觉识别系统和煤矿安全文化环境识别系统五部分组成，如图 3-7 所示。

其中，煤矿安全文化理念识别系统是整个煤矿安全文化系统的核心；煤矿安全文化行为识别系统是煤矿实现安全目标的保证和要求；煤矿安全文化视觉识别系统、煤矿安全文化听觉识别系统和煤矿安全文化环境识别系统是煤矿安全文化理念外化的结果，是煤矿安全文化理念系统对其内、外的展示。煤矿安全文化要素的关系如图 3-8 所示。

1. 煤矿安全文化理念识别系统

煤矿安全文化理念识别系统是煤矿为实现安全生产战略所依据的指导思想、精神规范、道德准则和价值取向等要素的总和。

（1）安全价值观念。

① 安全价值观。安全价值观的设计要求符合国家及行业的相关法律、法规；与社会主导的价值观相适应；与煤矿安全目标相协调；与员工的个人价值观相结合，体现员工安全心理需求；应对煤矿内、外环境进行分析；考虑上级主管部门对安全生产的要求。

例如，某煤矿的安全价值观如下：安全是最大的政治、安全是最大的效益、安全是最大的稳定、安全是最大的幸福。

② 安全文化理念。安全文化理念包括安全管理理念、安全目标理念、安全教育理念、安全防范理念、安全协作理念、安全操作理念、安全誓词等。安全文化理念的设计要求符合国家及行业的相关法律、法规；结合煤矿的实际情况；高度概括煤矿安全生产经营的战略主旨；符合语言美学要求，表述通俗、形象，易懂、易记；针对安全生产的实际情况，形成安全文化理念体系。

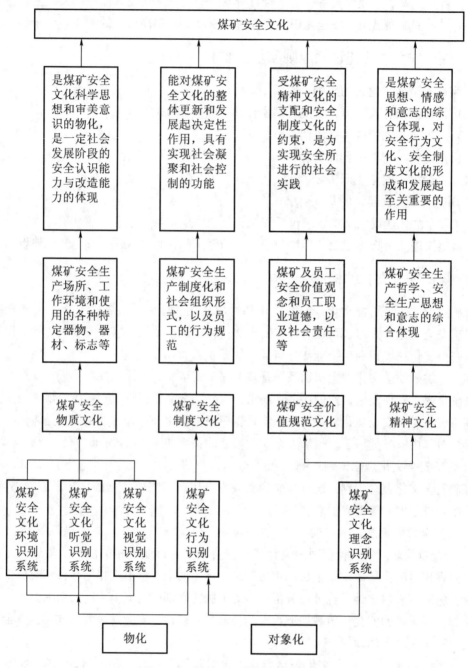

图 3-7　煤矿安全文化系统的构成

　　例如，核心理念如下：安全质量标准化、安全管理明细化、生产至上、安全为天。安全管理理念如下：一切事故都是可以预防的理念；瓦斯超限就是事故理念；安全隐患就是事故理念；质量标准、知行合一理念；责任大于能力、细节决定成败的责任追究理念；各项系统

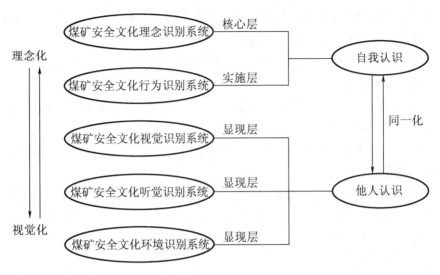

图3-8 煤矿安全文化要素的关系

简单化理念。安全培训理念如下：应知应会、学以致用、岗位成才。

③ 安全目标。在确定煤矿的安全目标时，应遵循以下几条：煤矿的安全目标与总目标保持一致；安全总目标应可分解；目标应具体、可测量。

④ 安全方针。在制定安全方针时，应考虑以下几点：国家、行业的相关法律、法规及其他要求；煤矿安全生产的现状及基本思路；制定和评审安全目标框架；在煤矿内得到沟通和理解；和煤矿各项安全目标保持一致；考虑员工与相关方的观点；体现持续改进的承诺。

⑤ 安全承诺。安全承诺的设计要求如下：

A. 符合煤矿实际，反映共同安全愿景。

B. 明确安全管理在组织内部具有最高优先权。

C. 明确所有与煤矿安全有关的重要活动都追求卓越。

D. 含义清晰明了，并被全体员工和相关方所知晓、理解。

E. 能被全体员工理解和接受。

F. 与煤矿的职业安全健康风险相适应，实施并保持。

G. 公众易于获得。

在贯彻实施安全承诺时，领导者应对安全承诺做出表率，使各级管理者和员工感受到领导者对安全承诺的实践；各级管理者应对安全承诺的实施起到示范和推进作用，形成制度化的工作方法，营造安全氛围；形成文件，传达给全体员工，并结合岗位工作任务，实现安全承诺；煤矿应将自身的安全承诺传达到相关方，必要时，应要求供应商、承包商等利益相关方提供相应的安全承诺。

（2）安全道德规范。

① 安全价值责任。煤矿应培养员工的安全价值责任感，使安全文化内化于心、外化于行，规范安全行为。在培养员工的安全价值责任感时，应注意以下几点：树立员工的安全责

任意识；在煤矿中营造安全文化氛围；各级管理者和员工都要对安全做出相应的承诺；对员工进行安全培训；制定安全生产各项制度。

② 煤矿道德。设计时应满足以下几点：体现中华民族的传统美德；符合社会公德及习俗；突出煤炭行业职业道德的特点。

设计时应遵循以下程序：了解煤炭行业有关职业道德的基本要求；考察煤矿各岗位的工作性质及职责要求，提出各岗位的道德规范；汇总各岗位的道德规范，形成初步方案；检查初步方案与煤矿基本理念、安全价值观等是否符合，并加以改进；在管理层和员工中征求意见，并反复推敲确定。

③ 职业道德。煤矿在制定职业道德时，应符合以下要求：协调员工内部关系，保证安全生产；具有纪律性，提高员工的安全生产意识；有助于维护和提高煤炭行业的信誉；引导和约束员工行为；有助于提高全社会的道德水平。

（3）安全精神文化。

① 安全哲学。安全哲学是煤矿安全生产活动的认识论和方法论。设计要求如下：分析煤矿内、外环境；概括煤矿安全生产管理的理论和经验；体现煤炭行业的特色；被煤矿广大员工理解和掌握；具有时代的社会特征。

② 安全精神。安全精神是煤矿员工群体的优良精神风貌，是全体员工有意识地实践所体现出来的精神状态。设计要求如下：符合煤矿安全文化建设的整体要求，恪守煤矿价值观和总目标；符合煤矿安全哲学，塑造良好的安全文化氛围；符合广大员工的安全心理需求；体现广大员工积极向上的状态；具有时代的社会特征。

2. 煤矿安全文化行为识别系统

（1）组织机构、职责和资源。

① 组织机构。煤矿应设立安全管理委员会，并建立相应的安全管理机构，以组织机构图的形式表示出来。安全管理机构的设计应符合以下要求：服从煤矿安全管理的总目标，为实现安全生产服务；分工协作、精干高效；集权与分权相结合；有效管理幅度；权责对等；正确地处理稳定与适应之间的关系。

② 职责。依据国家及行业的相关法律、法规与标准，制定相关职能部门的安全职责；依据国家及行业的相关法律、法规与标准，制定煤矿各级人员的安全职责；指定一名高层管理代表对全体员工的安全与健康负责，并负责落实有关安全与健康的各项规定；安全监察机构隶属于煤矿法人，独立行使监察职能；煤矿员工都负有安全责任，落实安全职责；定期检查，确保各项职责全面落实，通过审查考核，不断提高煤矿安全生产业绩。

③ 资源。煤矿应优先安排用于安全生产的资金，确保实现安全生产。资金项目使用范围包括以下几方面：安全教育培训费用；为从业人员配备符合国家标准的个体防护用品及保健品经费；安全生产技术装备的购置与安装、应急救援等设施的投入和维护保养，以及作业场所职业危害防治措施的资金投入；隐患治理费用；安全风险抵押金；安全检查经费；安全技术研究、技术推广应用经费；建立应急救援队伍、开展应急救援演练所需的费用；为从业

人员缴纳保险费用；其他与安全生产相关的费用。煤矿应保证安全文化建设体系所必需的物质条件，确保安全生产、抢险救灾、隐患治理等重点工作正常进行。煤矿安全工作所需的物力资源包括以下几方面：安全卫生、消防、环境设施；监测仪器；安全卫生防护器材；抢险救灾物资；劳动防护用品用具；教育培训设施；通信器材和交通工具；其他与安全生产相关的物力资源。

（2）安全控制支撑体系。

① 煤矿安全质量标准化机制。煤矿应建立安全质量标准化管理机构，以组织、协调、监督安全质量标准化工作。组织机构应符合以下几点：各岗位职责明确；部门划分清楚、分工合理；人员配备满足煤矿安全管理的需要。

② 煤矿自身安全监察机制。在设置隶属于本煤矿法人的安全监察机构时，应符合以下几点：监察人员对本煤矿安全生产负责；安全监察部门受本煤矿领导，应明晰职责，制约被监察者。监察内容包括以下几方面：国家有关安全生产方针、政策、法律、法规的贯彻执行；安全生产责任制；安全质量标准化；安全管理制度的执行；特种作业人员的培训、教育、上岗；员工的安全教育培训；隐患排查治理；现场安全生产；作业规程；其他。

③ 安全生产经济责任精细化管理机制。建立安全生产经济责任精细化管理机构，以保障煤矿安全生产为宗旨，它是煤矿动态的安全管理机构。其职能包括以下几方面：现场安全管理；制定安全生产经济责任精细化管理办法；组织质量标准化达标检查验收工作；对煤矿安全管理状况进行总结分析，督导基层单位及时解决安全隐患问题，并协助相关部室做好安全管理评价和绩效考核工作等。

安全生产经济责任精细化管理机制的内容包括以下几方面：依据国家安全生产的相关法律、法规和安全管理制度等，履行安全监督检查职能，做好生产现场工作。定期或不定期组织安全检查、质量检验，并依据相关标准进行评估。协助、配合相关部门开展安全管理工作，配合上级部门做好安全检查和质量标准化检查工作等。深入生产现场和基层单位，指导安全管理工作，督导各单位在规定期限内完成安全隐患整改工作。运用安全管理激励机制，在煤矿下达的安全工资总额范围内，按照安全生产经济责任精细化管理办法，完成对各单位的安全奖惩支付工作。

④ 安全绩效考核机制。煤矿应根据实际情况，建立安全绩效考核组织机构，进行安全绩效考核工作。组织机构应职责明确，分工合理，与其他部门关系界定清晰。针对普通员工及管理人员分别规定不同的考核内容，如普通员工绩效考核主要以责任绩效、安全工作绩效为主，考察德、能、勤、绩等方面；管理人员绩效考核主要以责任绩效、安全管理绩效和安全工作绩效等为主。考核方法为自评、上级考评及民主评议相结合；考核结果应划分等级。

（3）基本制度。基本制度是煤矿安全制度文化的重要组成部分，是煤矿基本理念、总目标、核心价值观的集中反映，是煤矿及其职工行为和规范的直接"约束力"。基本制度包括以下几方面：安全生产责任制；安全办公会议制度；安全目标管理制度；安全投入保障制度；安全质量标准化管理制度；安全教育与培训制度；事故隐患排查制度；安全监督检查制度；安全技术审批制度；矿用设备、器材使用管理制度；矿井主要灾害预防管理制度；煤矿事故应急救援制度；安全奖罚制度；入井检身与出入井人员清点制度；安全操作规程管理制度；消防安全管理制度；职业卫生管理制度；安全举报制度；管理人员下井及带班制度；特种作业人员管理制度；班前会制度；等等。

（4）员工安全素养。员工安全素养是一种作业习惯和行为规范。煤矿员工应逐步形成良好的作业习惯，自觉执行各项规章制度、标准，改善人际关系，提高自身的安全素质。

① 安全知识。安全知识是煤矿安全生产的基本知识，它包括以下几方面：国家及行业的相关法律、法规与标准；安全规程、操作规程及作业规程；岗位业务知识；隐患排查知识；应急救援知识；等等。

② 安全能力。安全能力是煤矿员工为保证煤矿安全生产应具备的能力，它包括以下几方面：遵守安全规章制度；履行岗位责任制；能正确地使用安全设备及防护用品；能发现并消除作业现场的事故隐患；能处理突发事件及紧急情况；等等。

③ 安全心理素质。安全心理素质包括以下几方面：安全意识；团队合作精神；工作责任心；行为自律性；等等。

④ 安全行为养成。安全行为养成的路径包括以下几种：主动学习的安全行为养成；掌握安全信息的安全行为养成；自觉自律的安全行为养成。

3. 煤矿安全文化视觉识别系统

煤矿安全文化视觉识别系统由基本要素和应用要素组成，具体内容如图3-9所示。

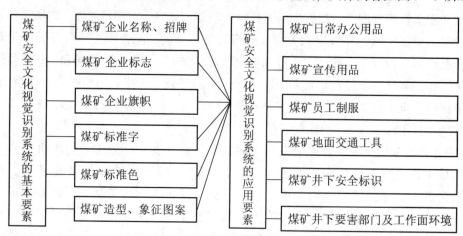

图3-9 煤矿安全文化视觉识别系统的构成

（1）基本要素设计。

① 煤矿企业标志。煤矿企业标志是指表达煤矿的基本理念、核心价值观、安全精神

等，以具体文字、造型图案等形式构成的视觉符号。设计要求如下：便于识别；体现煤矿的基本理念、安全精神；考虑煤矿安全需求；考虑员工综合素质、生理和安全心理需求；在符合基本设计原理的基础上形成系列化、标准化变形设计；由文字组成的标志应包含汉字。

② 煤矿标准字。煤矿标准字是指根据煤矿的基本理念、安全精神，用来表现煤矿标志、名称等内容，对字形结构、线条形态、章法配置等统一设计和使用的字体。设计要求如下：字形设计应考虑煤矿安全生产的基本要求，体现煤矿安全文化的基本理念；应依照诉求对象、环境空间、材料工艺、文字词义选择字体；应遵循确定造型、选择字体、配置笔画、统一字体、确定排列方向、进行变形设计等步骤；选用的文字便于识别，字体笔画结构应清晰。

③ 煤矿标准色。煤矿标准色是指煤矿运用色彩特有的知觉刺激与心理反应，表达煤矿的基本理念，塑造煤矿自身形象而确定的某一特定色彩或一组色彩系统。煤矿标准色分为单色标准色、复色标准色、标准色＋辅助色等。设计要求如下：色彩表达含义明确；符合煤矿安全生产要求，被煤矿员工普遍喜爱和接受；应通过管理和技术手段保证色彩表达统一化与标准化。

④ 安全色。安全色是指表示禁止、警告、指令、提示等意义的颜色。不同颜色表达的含义如下：红色，表示禁止、停止；黄色，表示警告、注意；蓝色，表示指令、应遵守的规定；绿色，表示提示、安全状态、通行。应按照《安全色》（GB 2893—2008）中的规定使用。

（2）应用要素设计。应用要素设计是基本要素设计在应用领域的延展，又受到基本要素设计的一系列应用规范和约束。

① 煤矿日常办公用品。煤矿日常办公用品包括名片、信纸、信封、便笺、公文袋、资料袋、薪金袋、卷宗袋、合同书、报价单、表单和账票、证卡（如工作证、胸卡、邀请卡、生日卡、贺卡等）、年历、月历、日历、奖状、奖牌等。设计要求如下：体现煤矿安全文化的基本内容；设计系列化、统一化、标准化；简洁、美观，便于使用。

② 煤矿宣传用品。煤矿宣传用品包括煤矿内部电视节目、广播电台播音、煤矿网站和网页；煤矿报纸、新闻稿、宣传册、安全文化手册；安全文化长廊、橱窗、黑板报；灯箱、墙体标语、宣传标语、宣传海报等。设计要求如下：主题鲜明，体现煤矿安全文化的基本内容；设计系列化、统一化、标准化；简洁、美观，便于阅读；内容应及时更新。

③ 煤矿地面交通工具。煤矿地面交通工具包括工作用车、接待用车、通勤班车等。设计要求如下：应在显著位置标有煤矿标志和名称；应统一采用煤矿企业标志、煤矿标准字、煤矿标准色；应适当体现煤矿安全文化的基本内容；美观、实用，便于识别。

4. 煤矿安全文化听觉识别系统

煤矿安全文化听觉识别系统包括生产系统听觉信号、安全禁止、警示、提示信号等；安全祝福、嘱托语、歌曲、广播、背景音乐等。设计要求如下：体现煤矿安全文化的基本内容；与煤矿安全文化视觉识别系统和煤矿安全文化环境识别系统相配合，实现听觉、视觉和环境的有机结合；应符合员工安全心理需求；在不同时间、不同地点播放不同内容；适当融入地域文化。

5. 煤矿安全文化环境识别系统

煤矿安全文化环境识别系统的外部环境包括大门、马路、玄关、广场、建筑物外观、生态植物、绿地、雕塑、吉祥物、广告载体、路牌、灯箱等；内部环境包括建筑物前厅、楼道、办公室、会议室、安全文化长廊、宿舍、食堂、体育场馆等。设计原则如下：符合《煤炭工业矿井设计规范》（GB 50215—2015）和《煤矿安全规程》。设计要求如下：体现煤矿安全文化的基本内容；体现煤炭行业的特色，满足安全生产要求；满足员工工作、安全生理和心理需求；内、外部环境应统一实行定置管理。

3.4.3 煤矿安全文化建设活动

1. 安全教育培训活动

安全教育培训的对象包括以下几方面：领导干部、部门负责人；技术、管理人员；安全管理人员；生产岗位操作人员；设备检修、维修、维护作业人员；消防队、救护站等专业救灾救护人员；特种作业人员；其他有作业风险岗位人员；承包商、供应商等利益相关者；员工家属。

安全教育培训计划要求如下：煤矿应根据安全管理工作的需要，编制年度培训、考核计划；培训计划应包括培训实施单位、方式内容、培训对象、日程安排及预期效果等；安全主管部门应定期对培训计划的执行情况进行监督检查。

2. 安全报告活动

安全报告活动的形式主要包括安全汇报会、安全事故报告会等。

安全报告活动的实施要求如下：生产系统运行概况例行分析；确定生产系统控制方案；查明事故原因，规定报告程序，制定应急处理及防范措施；事故处理程序、原因、经验教训及防范措施等要形成相关的文件并归档；加强未遂事故（事件）管理，降低事故发生的概率。

3.4.4 煤矿安全文化手册

煤矿安全文化手册的编制应根据煤矿生产的特点，可简要综合辑成一册，也可分专项简要辑成多册。其基本内容可包括以下几方面：序言或概论；煤矿安全文化理念系统；煤矿安全文化基本要素系统；煤矿安全文化基本要素的组合系统；煤矿安全文化应用要素系统。

煤矿安全文化手册要求简明扼要、图文并茂、通俗易懂；普遍发放给员工；使用及携带方便；国外有分公司的，应使用该国通用文字。

扫描二维码，可查阅
《煤矿安全文化建设导
则》（AQ/T 1099—
2014）。

学习活动 1　预防煤矿水害事故

[活动目标]

　　用安全文化手段预防煤矿水害事故。

[活动时间]

　　约 30 分钟。

[活动步骤]

　　1. 阅读文字教材中"3.3　安全文化的建设和发展"的内容，找出描述安全文化建设的关键语句，在其下面画线。

　　2. 登录 IP 课件（二分屏），进入典型安全文化建设实例的讲解部分，熟悉安全文化建设的相关内容。

　　3. 明确安全文化在企业安全管理中所占的地位，收集煤矿水害的相关知识。

　　4. 从安全原理上来看煤矿水害，分析煤矿水害的社会属性，结合事故致因与煤矿水害的关系，利用安全文化建设的原理和矿山安全文化建设系统工程，利用各种安全文化建设载体，编制一套岗位水害防范卡片。

　　5. 利用"双法双卡"模式：双法——行为文化；双卡——观念文化。

　　6. S 法，即岗位水害事故预防法；K 法，即岗位作业关键操作法。MS 卡，即安全作业指导卡；DI 卡，即岗位作业安全检查卡。

[反馈]

　　安全文化理论在安全生产中起着至关重要的作用，通过安全文化手段转变人的安全观念和行为习惯。

本 章 小 结

【安全文化建设】

❖ 煤矿安全文化概述

- ✓ 描述安全文化的起源与发展
- ✓ 叙述安全文化的定义
- ✓ 描述煤矿安全文化的范畴、功能和作用

❖ 安全文化与安全管理

- ✓ 列出安全文化与安全管理的关系
- ✓ 描述安全文化在安全管理中的作用
- ✓ 阐述安全生产"三双手"与"五要素"

❖ 安全文化的建设和发展

- ✓ 分析安全文化建设的核心内容
- ✓ 阐述安全文化建设的目标
- ✓ 叙述安全文化建设的方式
- ✓ 结合煤矿安全生产实际,探讨煤矿安全文化建设的作用
- ✓ 阐述煤矿安全文化建设的手段
- ✓ 描述煤矿安全文化建设的模式

❖ 煤矿安全文化建设实践

- ✓ 叙述煤矿安全文化建设的原则和基本要求
- ✓ 阐述煤矿安全文化的构成
- ✓ 描述煤矿安全文化理念识别系统
- ✓ 描述煤矿安全文化行为识别系统
- ✓ 描述煤矿安全文化视觉识别系统
- ✓ 描述煤矿安全文化听觉识别系统
- ✓ 描述煤矿安全文化环境识别系统
- ✓ 描述煤矿安全文化建设活动
- ✓ 描述煤矿安全文化手册

自 测 题

一、选择题

3-1 安全文化的核心是指( )。

    A. 安全制度文化   B. 安全物态文化

    C. 安全观念文化   D. 安全行为文化

3-2 工业革命前的安全认识论是( )。

　　A. 听天由命　　　　　　　　　　　　　B. 局部安全

　　C. 系统安全　　　　　　　　　　　　　D. 安全系统

3－3　下列企业安全文化建设对不同人的安全素质的表述中，错误的是(　　)。

　　A. 企业负责人安全生产决策素质

　　B. 生产管理人员的安全作业能力

　　C. 安全专业人员的理论与业务素质

　　D. 家属亲情的素质作用发挥

3－4　人的基本安全素质包括(　　)。

　　A. 安全认识、安全技术和安全意识

　　B. 安全认识、安全理念和安全意识

　　C. 安全知识、安全素质和安全意识

　　D. 安全知识、安全技能和安全意识

3－5　不属于安全文化建设系统工程的环节的是(　　)。

　　A. 整合理念　　　　　　　　　　　　　B. 规范行为

　　C. 完善制度　　　　　　　　　　　　　D. 塑造形象

二、判断题

3－6　我国安全观念文化的转变是从"革命精神"变为"科学精神"、从"生命优先"变为"财产优先"、从"安全常识"变为"安全科学"。　　　　　　　　　(　　)

3－7　安全文化的目标是实现生命安全、健康保障、社会和谐与持续发展。　(　　)

3－8　安全物质文化是基础，安全精神文化是核心和精髓。　　　　　　　(　　)

三、名词解释

3－9　安全观念文化

3－10　安全文化

四、简答题

3－11　安全文化的范畴包括哪些？

3－12　简述安全生产"五要素"。

五、论述题

3－13　论述安全文化与安全管理的关系。

第4章 安全管理方法

导 言

　　安全管理在实施过程中除了有安全管理学理论基础的指导外，还需要一定的方法。根据管理的职能——计划、组织、指挥、协调、控制，一系列相应的管理方法应运而生。这些方法在安全管理中同样适用。

　　本章将要学习安全管理方法。安全生产管理作为管理的主要组成部分，遵循管理的普遍规律，既服从管理的方法，又有其特殊性。

　　本章在内容安排上，首先介绍安全管理计划方法、安全决策方法，然后在此基础上重点讨论安全管理组织方法。学习这些内容对于实际工作中更好地运用安全管理的理论和方法具有很好的实用价值。

学习目标

认知目标

1. 叙述安全管理计划方法。

2. 阐述安全决策方法。

3. 叙述安全管理组织方法。

4. 列举安全激励方法。

5. 阐述安全管理控制方法。

技能目标

1. 结合煤矿安全生产的现状，分析各种煤矿安全管理方法。

2. 根据不同的生产实际，运用各种煤矿安全管理方法。

情感目标

　　对煤矿安全管理的相关知识产生兴趣，相信自己能够选择恰当的煤矿安全管理方法和管理理念，为煤矿安全管理提供有力的技术支撑。

4.1 安全管理计划方法

　　在安全管理决策层确定了安全管理活动的目标之后，就要通过安全管理计划来使之具体化，并谋求安全管理系统的外部环境、内部条件、决策目标三者之间在动态上的平衡，实现安全管理决策所确定的各项安全目标。因此，计划职能在企业安全管理活动中占有十分重要的地位，它是企业安全管理活动的中心环节。

4.1.1　安全管理计划的作用

一般来说，计划是指未来行动的方案。它具有以下三个明显的特征：必须与未来有关；必须与行动有关；必须由某个机构负责实施。也就是说，计划就是人们对行动和目的的"谋划"。我国古代的"凡事预则立，不预则废""运筹帷幄之中，决胜千里之外"，说的就是这种计划。

安全管理计划在安全管理活动中的作用主要表现在以下几方面：

(1) 安全管理计划是实现安全目标的保证。安全管理计划是为了具体实现已经制定的安全目标，而将整个安全目标进行分解，计算并筹划人力、物力、财力，拟定实施步骤、方法，同时制定相应的策略、政策等一系列安全管理活动。任何安全管理计划都是为了促使某一个安全目标的实现而制订并执行的。如果没有安全管理计划，实现安全目标的行动就会成为杂乱无章的活动，安全目标就很难实现。

(2) 安全管理计划是安全工作的实施纲领。任何安全管理都是安全管理者为了达到一定的安全目标，对被管理对象实施的一系列影响和控制活动。安全管理计划是安全工作中实施一切活动的纲领。只有通过安全管理计划，才能使安全管理活动按时间、有步骤地顺利进行。因此，离开了安全管理计划，安全管理的其他职能作用就会减弱，甚至不能发挥，当然也就难以进行有效的安全管理。

(3) 安全管理计划能够协调、合理地利用一切资源，使安全管理活动取得最佳效益。当今时代，各行业的生产呈现出高度社会化。在这种情况下，每一项活动中的任何一个环节如果出了问题，就可能影响整个系统的有效运行。安全管理计划工作能够通过统筹安排、经济核算，合理地利用企业的人力、物力、财力资源，有效地防止可能出现的盲目性和紊乱，使企业的安全管理活动取得最佳效益。

4.1.2　安全管理计划的内容和形式

1. 安全管理计划的内容

安全管理计划必须具备以下三个要素：

(1) 目标。安全工作目标是安全管理计划产生的导因，也是安全管理计划的奋斗方向。因此，制订安全管理计划前，要分析研究安全工作现状，并准确无误地提出安全工作的目的和要求，给出提出这些要求的根据，使安全管理计划的执行者事先了解安全工作未来的结果。

(2) 措施。安全措施和方法是实现安全管理计划的保证。措施和方法主要是指达到既定安全目标需要什么手段、动员哪些力量、创造什么条件、排除哪些困难。如果是集体的安全管理计划，还要写明某项安全任务的责任者，便于检查监督，以确保安全管理计划的实施。

(3) 步骤。步骤是工作的程序和时间的安排。在制订安全管理计划时，有了总时限以后，还必须有每一阶段的时间要求，以及人力、物力、财力的分配使用，使有关单位和人员知道在一定的时间内、一定的条件下，把工作做到什么程度，以争取主动协调进行。

在具体制订安全管理计划的各个要素时，首先要说明安全任务指标。至于措施、步骤、责任者等，应根据具体情况而定，可分开说明，也可综合说明。但是，无论哪种编制方法，都必须体现出这三个要素。这三个要素是安全管理计划的主体部分。

2. 安全管理计划的形式

安全管理计划的形式是多种多样的。按时间顺序，可分为长期计划、中期计划和短期计划；按计划的内容，可分为安全生产发展计划、安全文化建设计划、安全教育发展计划、隐患整改措施计划、班组安全建设计划等；按计划的性质，可分为安全战略计划、安全战术计划；按计划的具体化程度，可分为安全目标、安全策略、安全规划、安全预算等；按计划的管理形式和调节控制程度，可分为指令性计划、指导性计划等。

4.1.3 安全管理计划的编制原则和程序

1. 安全管理计划的编制原则

安全管理计划具有主观性，制订计划的好坏取决于它和客观相符合的程度。为此，在安全管理计划的编制过程中，必须遵循一系列的原则，具体如下：

（1）科学性原则。

（2）统筹兼顾原则。

（3）积极可靠原则。

（4）留有余地原则。

（5）瞻前顾后原则。

（6）群众性原则。

2. 安全管理计划的编制程序

（1）调查研究。编制安全管理计划，必须弄清楚计划对象的客观情况，这样才能做到目标明确、有的放矢。为此，在编制安全管理计划之前，首先必须按照计划编制的目的要求，对计划对象的各有关方面进行现状和历史调查，全面积累数据，充分掌握资料。从获得资料的方式来看，调查分为亲自调查、委托调查、重点调查、典型调查、抽样调查和专项调查等。

（2）安全预测。进行科学的安全预测是制订安全管理计划的依据和前提。安全预测的类型十分丰富，主要包括工艺安全状况预测、设备可靠性预测、隐患发展趋势预测、事故发生的可能性预测等；从预测的期限来看，又有长期预测、中期预测和短期预测等。

（3）拟订计划方案。计划机关或计划者应根据充分的调查研究和科学的安全预测得到数据与资料，审慎地提出安全生产发展的战略目标和阶段目标，以及安全工作的主要任务、有关安全生产指标和实施步骤的设想，并附上必要的说明。在通常情况下，要拟订几种不同的方案，以供决策者选择。

（4）论证和确定计划方案。

4.2 安全决策方法

从一定意义上讲，安全管理者的工作就是进行并实施安全决策。安全决策贯穿于整个安全管理过程,是安全管理的核心。科学安全决策的水平直接影响安全管理的水平和效率。安全管理者应提高科学安全决策的水平,力求把安全决策做得正确、合理、经济、高效。

4.2.1 安全决策的含义和分类

1. 安全决策的含义

安全决策就是决定安全对策。科学安全决策是指人们针对特定的安全问题,运用科学的理论和方法,拟订各种安全行动方案,并从中做出满意的选择,以更好地达到安全目标的活动过程。现代安全管理中所讲的决策就是科学安全决策。

要理解安全决策的含义,必须把握以下几个要点:

(1) 安全决策是一个过程,在这个过程中,要按安全科学研究。

(2) 安全决策是为了达到一个既定的目标,没有安全目标就无法进行安全决策;若安全目标不准确或错误,就是安全失策。

(3) 安全决策是要付诸实施的。因此,围绕安全目标拟定各种实施方案是安全决策的基本要求。

(4) 安全决策的核心是选优。任何一项安全决策都必须充分考虑各种条件和影响因素,制定多种方案,并从中选取满意的方案。

(5) 安全决策不仅要考虑到实施过程中情况的不断变化,还要考虑到实现安全目标之后的社会效果。没有应变方案和不考虑社会效果的安全决策至少是不完全的安全决策,更谈不上是科学安全决策。

(6) 安全决策是指科学安全决策和民主安全决策,而不是指任意一种安全决策。为此,在现代企业安全生产管理中必须运用科学的方法,并尽量集中职工和集体的智慧。

2. 安全决策的分类

企业安全管理中所需解决的问题是复杂多变的,因此,安全决策可以从不同的角度进行分类。

(1) 按照安全决策问题的性质,可将安全决策分为战略性安全决策和策略性安全决策。战略性安全决策是指影响安全生产总体发展的全局性决策。策略性安全决策又称为一般性安全决策,是指解决局部性或个别安全问题的决策,它是实现安全战略目标所采取的手段,比战略性安全决策更具体,考虑的时间比较短,主要考虑如何具体安排并组织人力、物力、财力来实现安全决策。

(2) 按照安全决策问题是否重复出现,可将安全决策分为程序化安全决策和非程序化安全决策。程序化安全决策是指对安全管理活动中反复出现的、经常需要解决的安全问题进行的决策。非程序化安全决策是指对安全管理活动中首次出现的、非例行活动的、新的安全问题进行的决策。

(3) 按照安全决策问题的性质和安全决策条件的不同,可将安全决策分为确定型安全决策、风险型安全决策和非确定型安全决策。确定型安全决策是指在对执行结果已经确定的方案中进行的选择。风险型安全决策是指以未来的自然状态发生的概率为依据，对无法确定执行结果的方案进行的选择，即无论选择哪个方案，都要承担一定的风险。非确定型安全决策是指连未来的自然状态发生的概率也不知道，主要靠安全决策者的知识、经验和判断能力做决策，确定的方案往往带有主观随意性。

（4）按照安全决策要求获得答案数目的多少或相互关系的情况，可将安全决策分为静态安全决策和动态安全决策。静态决策也叫作单项决策，它所处理的安全问题是某个时点的状态或某个时期总的结果，它所要求的行动方案只有一个。动态安全决策是指做出一系列相互关联的安全决策。

（5）按照安全决策文体在系统中的地位，可将安全决策分为高层安全决策、中层安全决策和基层安全决策。高层安全决策是指由上层安全管理者所做的涉及全局的重大安全决策。中层安全决策是指由中层安全管理者做出的业务性安全决策。基层安全决策是指由基层安全管理者根据高层、中层安全决策做出的执行性安全决策。

另外，安全决策还可以从多种角度进行分类。例如，按要达到的要求，可分为最佳安全决策和满意安全决策；按是否能用数量表现，可分为定量安全决策和定性安全决策；按安全决策主体是个人还是组织，可分为个人安全决策和集体安全决策；等等。企业安全管理者了解安全决策的分类，可以更好地理解自己所要安全决策的问题性质、作用和地位，有利于安全决策者选择相应的方法和技术，从而提高安全决策水平。

4.2.2　安全决策的特点、地位和作用

1. 安全决策的特点

安全决策的特点有程序性、创造性、择优性、指导性、风险性。

2. 安全决策的地位和作用

安全决策的地位和作用如图 4-1 所示。

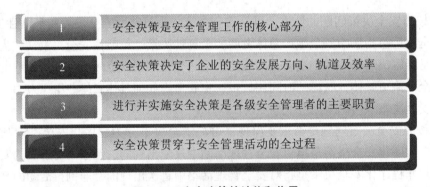

1	安全决策是安全管理工作的核心部分
2	安全决策决定了企业的安全发展方向、轨道及效率
3	进行并实施安全决策是各级安全管理者的主要职责
4	安全决策贯穿于安全管理活动的全过程

图 4-1　安全决策的地位和作用

4.2.3　安全决策的前提和条件

安全决策的前提和条件如图4－2所示。

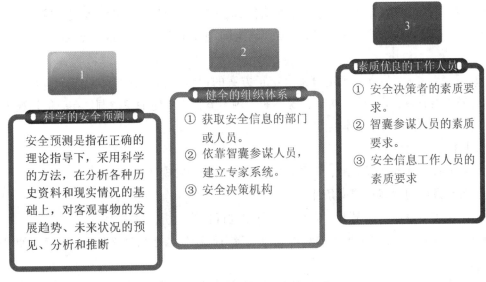

图4－2　安全决策的前提和条件

4.2.4　安全决策的原则、步骤及方法

1. 安全决策的原则

为提高安全决策的科学性和有效性，必须掌握和遵循一定的原则，所遵循的原则如图4－3所示。

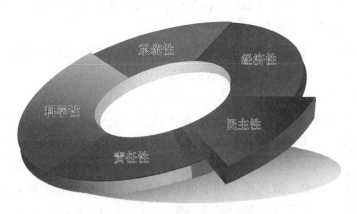

图4－3　安全决策的原则

61

2. 安全决策的步骤

（1）发现问题。发现问题是安全决策的起点。问题通常是指应该或可能达到的状况与现实状况之间存在的差距，既包括已经存在的现实安全问题，也包括估计可能产生的未来的安全问题。安全决策水平的高低与发现现实安全问题和未来安全问题的程度紧密相关。因此，安全管理者在安全管理活动中不要怕有问题，更不要怕暴露问题。发现问题之后，就要认真地分析问题，找出产生差距的原因。确定问题要准，为合理地确定目标打下良好的基础。

（2）确定目标。目标的确定直接决定了方案的拟订，影响到方案的选择和安全决策后的方案实施。目标必须具体、明确，既不能含糊不清，也不能抽象空洞。在一般情况下，确定的目标应符合下列几项基本要求：

① 目标必须是单一的。

② 必须有明确的目标标准，以便能检查目标达到和实现的程度。

③ 明确目标的主客观约束条件。

④ 在存在多目标的情况下，应对各个目标进行具体分析，分清主次。

确定目标时，一是要根据需要和可能性，量力而行；二是既要留有余地，又要使责任者有紧迫感。

（3）拟订方案。拟订方案是指研究实现目标的途径和方法。安全决策的一个重要特点就是要在多种方案中选择较好的方案。在拟订方案时，贯彻整体详尽性和互相排斥性这两条基本要求。整体详尽性，就是要求尽可能地把各种可能的方案全部列出；互相排斥性，是指不同方案之间必须有较大的区别，如执行甲方案就不能执行乙方案。备选方案必须建立在科学的基础上，能够进行定量分析的，一定要将指标量化，以减少主观性。

（4）方案评估。方案评估是指从理论和可行性方面进行综合分析，对备选方案加以评比估价，从而得出各备选方案优劣利弊的结论。

（5）方案选优。方案选优是指在对各个方案进行分析评估的基础上，从众多方案中选取一个最优的方案，这主要是安全决策者的职责。

3. 安全决策的方法

科学的安全决策要运用科学的安全决策方法。安全管理学家和从事安全管理活动的实际工作者总结概括了许多切实可行的安全决策方法。20世纪，许多新的科学方法也被广泛地运用到安全决策中。例如，概率论、效用论、期望值、博弈论、线性规划等理论和方法。这里介绍几种常见的安全决策方法，如图4-4所示。

扫描二维码，可查阅头脑风暴法。

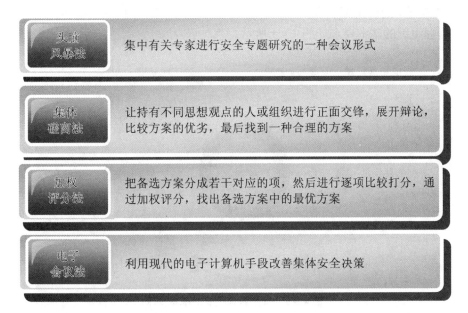

图 4 - 4　常见的安全决策方法

4.3　安全管理组织方法

　　组织有两种含义：一方面，组织代表某一实体本身，如工厂企业、公司财团、学校等；另一方面，组织是管理的一大职能，是人与人之间或人与物之间资源配置的活动过程。安全管理组织是安全管理职能之一，完善的安全管理组织要具备以下几点：具有各自明确的保障安全生产、人与财物不受损失的目的；由一定的承担安全管理职能的人群组成；有相应的系统性结构，用以控制和规范安全管理组织内成员的行为，如制定安全管理规章制度、建立职业安全健康管理体系、编写生产岗位安全职责与职权等。

　　在企业中具体的应用主要体现在安全管理组织机构的设立和职业安全健康管理体系的实施上。

4.3.1　安全管理组织的基本要求、构成与设计

　　要完成具有一定功能目标的活动，就必须有相应的组织作为保障。建立合理的安全管理组织机构是有效地进行安全生产指挥、检查、监督的组织保证。安全管理组织机构是否健全，机构中各级人员的职责与权限界定是否明确，安全管理的体制是否协调、高效，直接关系到安全管理工作能否全面开展和职业安全健康管理体系能否有效运行。

1. 安全管理组织的基本要求

安全管理组织的基本要求如图 4 – 5 所示。

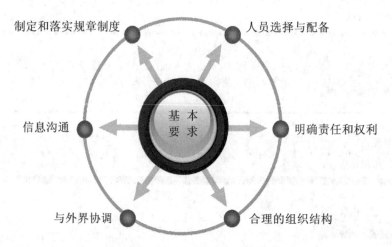

图 4 – 5　安全管理组织的基本要求

2. 安全管理组织的构成

如图 4 – 6 所示，企业安全管理组织主要由三大系统构成管理网络，即安全工作指挥系统、安全检查系统和安全监督系统。

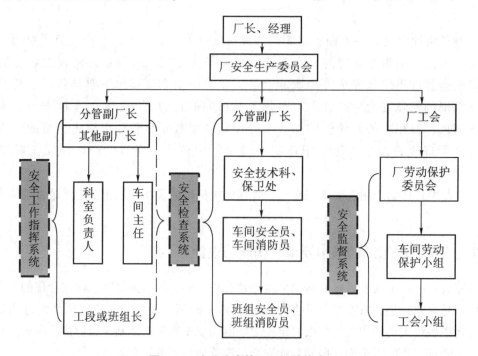

图 4 – 6　企业安全管理组织的构成

学习活动 1 煤矿企业安全管理组织

[活动目标]

结合煤矿生产的特点，构建企业安全管理组织。

[活动时间]

约 30 分钟。

[活动步骤]

1. 阅读文字教材中"4.3 安全管理组织方法"的内容，找出描述安全管理组织的关键语句，在其下面画线。

2. 明确安全管理组织在企业安全生产中所占的地位，收集煤矿企业安全生产的相关知识。

3. 从事故致因理论来看安全管理组织在安全生产中所占的地位和作用，结合煤矿生产环境的实际及企业的规模，比较企业安全管理组织的模式，建立煤矿安全管理组织。

[反馈]

安全管理组织在安全生产中的作用至关重要，通过安全管理组织的合理配置，更好地发挥人员在安全生产中的作用。

3. 安全管理组织的设计

安全管理组织设计的任务是设计清晰的安全管理组织结构，规划和设计组织各部门的职能及职权，确定组织中安全管理职能、职权的活动范围，并编制职务说明书。

安全管理组织结构的类型不同，所产生的安全管理效果也不同。一般来说，安全管理组织的结构分为以下几种类型：

（1）直线制结构。各级管理者都按垂直系统对下级进行管理，指挥和管理职能由各级主管领导直接行使，不设专门的职能管理部门。但这种结构类型缺少较细的专业分工，若管理者决策失误，就会造成较大的损失。因此，这种结构类型一般适合于产品单一、工艺技术比较简单、业务规模较小的企业。

（2）职能制结构。各级主管人员都配有通晓各种业务的专门人员和职能机构作为辅助者直接向下发号施令。这种结构类型有利于对整个企业实行专业化管理，发挥企业各方面专家的作用，减轻各级主管人员的工作负担。它的缺点是，由于实行多头领导，往往政策多门，易出现指挥和命令不统一的现象，造成管理混乱。因此，它在实际中应用较少。

（3）直线职能制组织结构。这种结构类型以直线制结构为基础，既设置了直线主管人员，又在各级主管人员之下设置了相应的职能部门，分别从事职责范围内的专业管理。它既保证了命令的统一，又发挥了职能专家的作用，有利于优化行政管理者的决策。因此，这种结构类型在企业组织中被广泛采用。其主要缺点是，首先，各职能部门在面临共同问题时，往往易从本位出发，从而导致意见和建议不一致，甚至发生冲突，加大了上级管理者对各职能部门之间的协调负担；其次，职能部门的作用受到了较大限制，一些下级业务部门经常忽视职能部门的指导性意见和建议。

（4）矩阵制结构。这种结构类型便于讨论和应对一些意外问题，在中等规模和若干种产品的组织中效果最为显著。当环境具有很高的不确定性，而目标反映了双重要求时，矩阵制结构是最佳选择。它的优点是能够使组织满足环境的双重要求。资源可以在不同产品之间灵活分配，适应不断变化的外界要求。其缺点是一些员工要受双重职权领导，容易使其感到阻力和困惑。

（5）网格结构。网络结构是指依靠其他组织的合同进行制造、分销、营销或其他关键业务经营活动的结构。这种结构类型具有更大的适应性和应变能力，但是难以监管和控制。

企业可根据自身的不同情况和不同规模，以及危险源、事故隐患的性质、范围、规模等，选择适合的安全管理组织结构类型。

煤炭行业属于高危险行业，其安全管理组织机构宜采用刚性的集权型直线职能制组织机构，有两种基本形式：一是以单一煤矿为独立法人的安全管理组织机构，如图4-7所示；二是以多个煤矿组成的集团总公司为独立法人的安全管理组织机构，如图4-8所示。

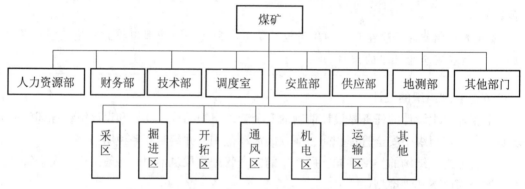

图4-7　以单一煤矿为独立法人的安全管理组织机构

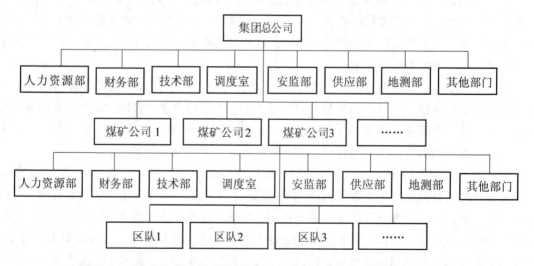

图4-8　以由多个煤矿组成的集团总公司为独立法人的安全管理组织机构

4.3.2 安全管理组织的运行

1. 安全管理组织运行的约束

（1）安全规章制度的约束。安全管理组织的有效运行需要对各方面的规章制度进行设计和规范，这是长期积累的结果。有关规章制度的制定范围应包括安全管理组织结构、安全管理组织所承担的任务、安全管理组织运行的流程、安全管理组织人事、安全管理组织运行规范、安全管理决策权的分配等方面。在有关安全生产法律法规体系的指导下，通过安全规章制度的约束作用，把安全管理组织中的职位、组织承担的任务和组织中的人很好地协调起来。

（2）安全文化的约束。要保证安全管理组织通畅运行及其效率，除了有关安全规章制度的约束作用外，更深层次的约束作用在于企业的安全文化。企业的安全文化体现在企业安全生产方面的价值观及由此培养的全体员工的安全行为等方面。它是培养共同职业安全健康目标和一致安全行为的基础。安全文化具有自动纠偏的功能，从而使企业能够自我约束，安全管理组织能够通畅运行。

2. 安全管理组织运行的保障

（1）绩效考核保障。安全管理组织运行保障中一个重要的内容是建立完善和合适的绩效考核，通过较为详细、明确、合理的考核指标，指导和协调组织工人的行为。企业制定了战略发展的职业安全健康目标，需要把目标分阶段分解到各部门、各人员身上。绩效考核就是对企业安全管理人员及各承担安全目标的人员达成目标情况的跟踪、记录、考评。通过绩效考核的方式，提高安全管理组织的运行效率，推动安全管理组织有效、顺利地运行。

（2）安全经济投入保障。安全管理组织的完善需要合理、充足的安全经济投入作为保障。正确地认识预防性投入与事后整改投入的等价关系，就需要了解安全经济的基本定量规律——安全效益金字塔的关系，即设计时考虑 1 分的安全性，相当于加工和制造时的 10 分安全性效果，而能达到运行或投产时的 1 000 分安全性效果。这一规律指导人们考虑安全问题时要具有前瞻性。

4.4 安全激励方法

4.4.1 安全激励的理论基础

激励理论是关于如何满足人的各种需要、调动人的积极性的原则和方法的概括总结。激励理论按照形成时间及其所研究侧面的不同，可分为内容型激励理论、过程型激励理论和行为改造型激励理论。根据这些理论基础，需要研究如何进行安全激励，调动人们满足安全需要和达到安全目标的积极性。安全激励的理论基础包括的内容如图 4-9 所示。

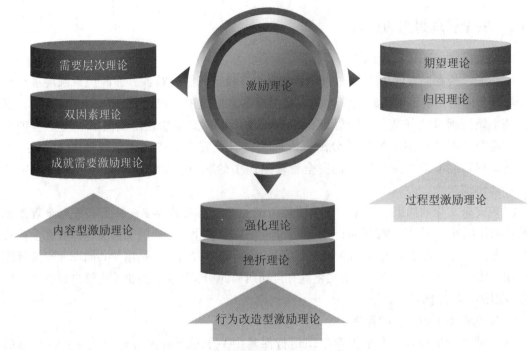

图 4 – 9　安全激励的理论基础包括的内容

1. 内容型激励理论

内容型激励理论重点研究激发动机的诱因。它主要包括马斯洛的"需要层次理论"、赫茨伯格的"双因素理论"和麦克利兰的"成就需要激励理论"等，如图 4 – 10 所示。

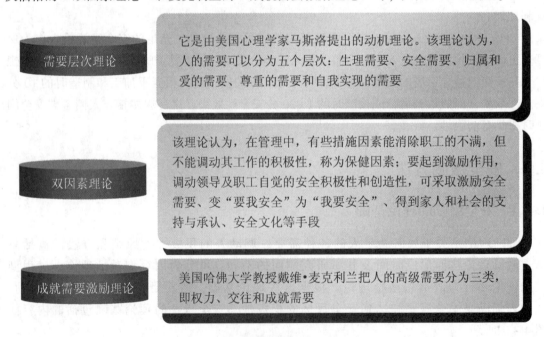

图 4 – 10　内容型激励理论包括的理论

2. 过程型激励理论

过程型激励理论重点研究从动机的产生到采取行动的心理过程，主要包括弗罗姆的"期望理论"和海德的"归因理论"等。

（1）期望理论。这是美国心理学家维克多·弗罗姆提出的理论。期望理论认为，人们之所以采取某种行为，是因为他认为通过这种行为，他可以有把握地达到某种结果，并且这种结果对他有足够的价值。换言之，动机激励水平取决于人们认为在多大程度上可以期望达到预计的结果，以及人们判断自己的努力对于个人需要的满足是否有意义。

扫描二维码，可查阅马斯洛的需要层次理论。

（2）归因理论。归因理论是美国心理学家海德于 1958 年提出的，后由美国心理学家韦纳及其同事共同研究而再次活跃起来。归因理论是探讨人们行为的原因与分析因果关系的各种理论和方法的总称。归因理论侧重于研究个人用以解释其行为原因的认知过程，即研究人的行为受到激励是"因为什么"的问题。

3. 行为改造型激励理论

行为改造型激励理论重点研究激励的目的（改造、修正行为），主要包括斯金纳的强化理论和挫折理论等，如图 4 – 11 所示。

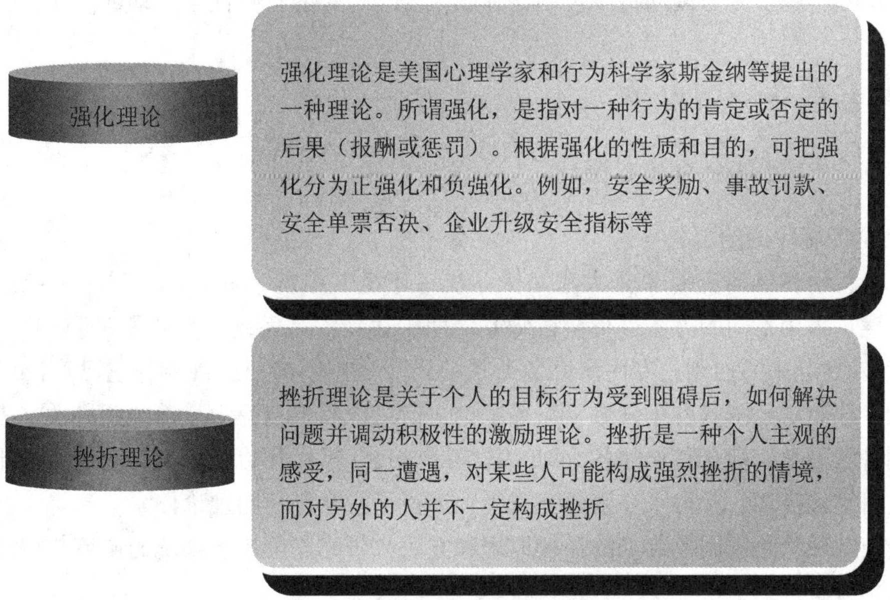

强化理论

强化理论是美国心理学家和行为科学家斯金纳等提出的一种理论。所谓强化，是指对一种行为的肯定或否定的后果（报酬或惩罚）。根据强化的性质和目的，可把强化分为正强化和负强化。例如，安全奖励、事故罚款、安全单票否决、企业升级安全指标等

挫折理论

挫折理论是关于个人的目标行为受到阻碍后，如何解决问题并调动积极性的激励理论。挫折是一种个人主观的感受，同一遭遇，对某些人可能构成强烈挫折的情境，而对另外的人并不一定构成挫折

图 4 – 11　行为改造型激励理论包括的两个理论

4.4.2　安全激励方法的分类

根据安全管理中安全激励形式的不同，可将安全激励方法分为五类；按安全行为的激励原理的不同，可将安全激励方法分为两类，如图 4 – 12 所示。

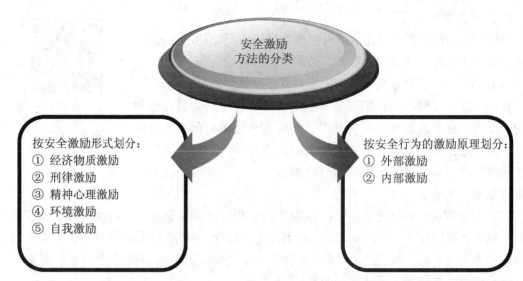

图 4 – 12　安全激励方法的分类

从安全管理总体上讲，以上几种激励形式和方法都是必要的。作为一名安全管理人员，要积极地创造条件，采用不同形式的安全激励方法，形成人的内部激励环境。同时，也应有外部的鼓励和奖励，充分调动每一位领导和职工安全行为的自觉性与主动性。

4.5　安全管理控制方法

4.5.1　安全控制理论的基本概念

1. 安全控制理论的定义

安全工程学科的研究对象是大型"人—机—环境"系统。针对这一复杂系统，人们从不同的角度、采用不同的方法进行分析研究，期望达到提高系统安全水平的目的。从 20 世纪 40 年代发展起来的控制论专门研究各类系统调节与控制的一般规律，它已广泛应用于工程、生物、社会、经济等各个领域；以系统论、信息论和控制论为基础的新科学方法论正日益渗透到自然科学、社会科学的各方面。从 20 世纪 80 年代开始，安全工程学界也开始了对控制论的研究和应用，取得了一些研究成果，丰富了安全科学的理论体系。

安全控制理论是应用控制论的一般原理和方法，研究安全控制系统的调节与控制制度规律的一门学科。

安全控制系统是由各种相互制约和影响的安全要素所组成的、具有一定安全特征和功能的整体。安全要素包括以下几方面：

（1）影响安全的物质性因素，如工具设备、危险有害物质、能对人构成威胁的工艺装置等。

（2）安全信息，如政策、法规、指令、情报、资料、数据和各种消息等。

（3）其他因素，如人员、组织机构、资金等。

安全控制系统与一般的技术控制系统相比，有以下四个特点：

（1）安全控制系统具有一般技术控制系统的全部特征。

（2）安全控制系统是其他生产、社会、经济系统的保障系统。

（3）安全控制系统中包括人这一最活跃的因素，因此，人的目的性和控制作用时刻都会影响安全控制系统的运行。

（4）安全控制系统受到的随机干扰非常显著，因而其研究更加复杂。

2. 安全控制系统的分类

（1）宏观安全控制系统。宏观安全控制一般是指各级行政主管部门，以国家法律、法规为依据，应用安全监察、检查、经济调控等手段，实现整个社会、部门或企业的安全生产目标的整体控制活动。宏观安全控制系统是以各种生产和经营系统为被控制系统、以各种安全检查和安全信息统计为反馈手段、以各级安全监察管理部门为控制器、以实现国家安全生产方针和安全指标为控制目标的系统。

（2）微观安全控制系统。微观安全控制是指应用工程技术和安全技术手段，防止在特定生产和经营活动中发生事故的全部活动。微观安全控制系统是以具体的生产和经营系统为被控制系统、以安全状态检测信息为反馈手段、以安全技术和安全管理为控制器、以实现安全生产为控制目标的系统。

3. 安全控制方法的一般分析程序

应用控制论方法分析安全问题，其程序一般可分为以下四个步骤：

（1）绘制安全控制系统框图。根据安全系统的内在联系，分析系统运行过程的性质及其规律，并按照控制论原理，用框图将该系统表述出来。

（2）建立安全控制系统模型。在分析安全控制系统的运行过程并采用框图表述的基础上，运用现代数学工具，通过建立数学模型或其他形式的模型，对安全控制系统的状态、功能、行为及动态趋势进行描述。

（3）对模型进行计算和决策。描述动态安全系统的控制论模型一般都是几十个、几百个联立的高阶微分或差分方程组，涉及众多的参数变量。要进行复杂的运算求解，通常要采用计算机进行。对于非数学模型，可通过分析形成一定的措施、办法和政策等。

（4）进行综合分析与验证。把计算出的结果或决策运用到实际的安全控制工作中，进行小范围的实验，以此来校正前三个步骤的偏差，促使所研究的安全问题达到既定的控制目标。

以上过程既相对独立，又前后衔接、相互制约。

4.5.2　安全系统的控制方式

1. 安全系统的控制特性

安全系统的控制虽然服从控制论的一般规律，但也有自己的特殊性。安全系统的控制有以下几个特点：

（1）安全系统状态的触发性和不可逆性。如果将安全系统出事故时的状态值定为1，无事故时的状态值定为0，则系统输出只有0和1两种状态。事故隐患往往隐藏于系统安全状态之中，系统的状态常表现为0到1的突然跃变，这种状态的突然改变称为状态触发。此外，系统状态从0变化到1后，状态是不可逆的，即系统不可能从事故状态自动恢复到事故前状态。

（2）安全系统的随机性。在安全控制中发生事故具有极大的偶然性：什么人，在什么时间、什么地点，发生什么样的事故。这些问题一般都是无法确定的随机事件。但是对一个安全控制系统来说，可以通过统计分析方法找出某些变量的统计规律。

（3）安全控制系统的自组织性。自组织性是指当系统状态发生异常情况时，在没有外部指令的情况下，管理机构和系统内部的各子系统能够审时度势按某种原则自行或联合有关子系统采取措施，以控制危险的能力。由于事故发生的突然性和巨大破坏作用，因而要求安全控制系统具有一定的自组织性。这就要求采用开放的系统结构，有充分的信息保障，有强有力的管理核心，各子系统之间有很好的协调关系。

2. 安全系统的控制原则

（1）首选前馈控制方式。由于安全控制系统状态的触发性和安全决策的复杂性，宏观安全控制系统的控制方式应首选前馈控制方式。

前馈控制是指对系统的输入进行检测，以消除有害输入或针对不同情况采取相应的控制措施，以保证系统的安全前馈控制系统的工作模式。

（2）合理地使用各种反馈控制方式。反馈控制是控制系统中使用广泛的控制方式。安全系统的反馈控制有以下几种不同形式：

① 局部状态反馈。对安全系统的各种状态信息进行实时检测，及时发现事故隐患，迅速采取控制措施防止事故的发生，是事故预防的手段。

② 事故后的反馈。在事故发生后，应运用系统分析方法，找出事故发生的原因，将信息及时反馈到各相关系统，并采取必要的措施，以防止类似的事故重复发生。

③ 负反馈控制。发现某个职工或部门在安全工作上的缺点、错误，对其进行批评、惩罚，这是一种负反馈控制。合理、适度地使用负反馈控制可以收到较好的效果，但若使用不当，有可能适得其反。

④ 正反馈控制。对安全上表现好的职工或部门进行表扬、奖励，这是一种正反馈控制。正反馈控制使用恰当时，可以激励全体职工的积极性，提高整体安全水平，收到巨大的效益。

（3）建立多级递阶控制体系。安全控制系统应建立较完善的多级递阶控制体系。各控制层次之间，除了督促下层贯彻执行有关方针、政策、规程和决定外，还要提高下层的自组织能力。各级管理层的自组织能力主要体现在以下几方面：

① 了解下层危险源的有关事故结构信息，如事故模式、严重强度、发生频率、防治措

施等。

② 掌握危险源的动态信息，如已接近临界状态的重大危险源、目前存在的缺陷、职工安全素质、隐患整改情况等。

③ 熟悉危险分析技术，善于用其解决实际问题。

④ 经验丰富，应变能力较强。

（4）力争实现闭环控制。闭环控制是自动控制的核心。安全管理工作部署应设法形成一种自动反馈机制，以提高工作效率。应制定合理的工作程序和规章制度，使信息处理和传递线路通畅。

3. 安全控制的基本策略

从控制论的角度分析系统安全问题，可以得到以下几条结论：

（1）系统的不安全状态是系统内在结构、系统输入、环境干扰等因素综合作用的结果。

（2）系统的可控性是系统的固有特性，不可能通过改变外部输入来改变系统的可控性。因此，在进行系统设计时，必须保证系统的安全可控性。

（3）在系统安全可控的前提下，通过采取适当的控制措施，可将系统控制在安全状态。

（4）在安全控制系统中，人是最重要的因素，既是控制的施加者，又是安全保护的主要对象。

基于以上结论，可得到以下一些安全控制的基本策略：

（1）建立本质安全型系统。本质安全型系统是指内在结构具有不易发生事故的特性，且能承受人为操作失误、部件失效的影响，在事故发生后具有自我保护能力的系统。

（2）消除人的不安全因素。在现代各类职业事故中，人的因素占 70%～90%。因此，消除人的不安全因素是防止事故发生的重要策略。

4. 安全控制方法应用举例

安全领域中安全控制思想的应用主要体现在事故预警系统、系统风险分析与安全评价系统、安全监测监控系统等。

（1）事故预警系统。预警属于新兴的交叉学科，它以人类面临的各种灾情和警情作为研究对象，并通过各种监测、运行与调控机制，构成事故预警系统，以保障社会安宁及生产、生活安全。其中，预警阈值、预警警报、实施控制等是事故预警系统的重要环节。

由于安全问题的复杂性，有时单纯依靠"安全控制子系统"是不能解决全部安全问题的，需要及时将逼近事故临界状态的有关情况通知相关人员，以便及时采取措施，防止事故发生。工业危险源事故临界状态预警阈值的确定是对事故临界状态进行预警，必须在危险源进入事故临界范围时发出警报。预警阈值的确定需要充分进行调查研究，若阈值过大，则无法达到"预"的作用；若阈值过小，则产生虚张声势的效果。

（2）系统风险分析与安全评价系统。在理论和实践上确立系统安全分析，也就是如何在系统的整个寿命周期阶段，科学、有预见地识别并控制风险，以便系统能正常运行。系统风险分析及安全评价的过程主要由以下几个步骤组成：

① 确定风险或风险辨识。辨识各类危险因素、可能发生的事故类型、事故发生的原因和机制。

② 风险分析。分析现有生产和管理条件下事故发生的可能性，以及潜在事故的后果及其影响范围（事故的严重程度）。

③ 风险评价与分级。在分析事故发生可能性与事故后果的基础上，评价事故风险的大小，按照事故风险的标准值进行风险分级，以确定管理的重点。

④ 风险控制。低于标准值的风险属于可接受或允许接受的风险，应建立监测措施，防止生产条件改变而导致风险值的增加。

（3）安全监测监控系统。在生产过程中，利用安全监测监控系统监测生产过程中与安全有关的状态参数，若发现故障、异常，及时采取措施控制这些参数达不到危险水平，消除故障、异常，以防止事故发生。

在生活活动中，也有应用安全监控系统的情况，如建筑物中的火灾监控系统等。

安全监控常用于生产过程，不同的生产过程有不同的安全监控系统。

学习活动 2　微观安全控制系统的建立

[活动目标]

结合安全控制系统的相关知识，构建矿井生产工作面瓦斯控制系统模型。

[活动时间]

约 30 分钟。

[活动步骤]

1. 阅读文字教材中"4.5　安全管理控制方法"的内容，找出描述煤矿安全管理控制方法的关键语句，在其下面画线。

2. 明确安全管理控制在企业安全生产中所占的地位，收集煤矿企业安全生产的相关瓦斯治理的知识。

3. 掌握矿井生产工作面瓦斯的主要来源，结合微观安全控制系统的相关知识，绘制矿井生产工作面对瓦斯浓度进行控制的系统模型。

[反馈]

安全控制系统在安全生产中的作用至关重要，特别是在预防生产过程中事故发生的环节。

微观安全控制系统是以具体的生产和经营系统为被控制系统、以安全状态检测信息为反馈手段、以安全技术和安全管理为控制器、以实现安全生产为控制目标的系统。

本章小结

【安全管理方法】

❖　安全管理计划方法

✓　描述安全管理计划的作用
✓　叙述安全管理计划的内容和形式
✓　阐述安全管理计划的编制原则和程序

❖　安全决策方法

✓　列出安全决策的含义和分类
✓　描述安全决策的特点、地位和作用
✓　阐述安全决策的前提和条件
✓　叙述安全决策的原则、步骤及方法

❖　安全管理组织方法

✓　描述安全管理组织的基本要求、构成与设计
✓　分析安全管理组织的运行

❖　安全激励方法

✓　描述安全激励的理论基础
✓　阐述安全激励方法的分类

❖　安全管理控制方法

✓　描述安全控制理论的基本概念
✓　描述安全系统的控制方式

自测题

一、选择题

4-1　安全管理计划的三要素是(　　　)。

A. 目标、组织、措施　　　　　　　　　B. 目标、步骤、决策

C. 目标、步骤、措施　　　　　　　　　D. 决策、组织、控制

4-2　(　　　)是安全管理计划产生的导因,也是安全管理计划的奋斗方向。

A. 安全工作目标　　　B. 安全措施　　　C. 安全方法　　　D. 安全系统

4-3　(　　　)是影响安全生产总体发展的全局性决策。

A. 战略性安全决策　　　　　　　　　　B. 策略性安全决策

C. 程序化安全决策　　　　　　　　　　D. 确定性安全决策

4-4 （　　）是对安全系统的各种状态信息进行实时检测，及时发现事故隐患，迅速采取控制措施防止事故的发生，是事故预防的手段。

A. 局部状态反馈　　　B. 事故后的反馈　　　C. 负反馈控制　　　D. 正反馈控制

4-5 （　　）是探讨人们行为的原因与分析因果关系的各种理论和方法的总称。

A. 期望理论　　　B. 归因理论　　　C. 强化理论　　　D. 双因素理论

二、判断题

4-6 任何安全管理都是安全管理者为了达到一定的安全目标对被管理对象实施的一系列的影响和控制活动。　　　　　　　　　　　　　　　　　　　　　　　　（　　）

4-7 安全决策方案实施后，如果发现有重大失误，不必追踪安全决策。　　（　　）

4-8 头脑风暴法是集中有关专家进行安全专题研究的一种会议形式。　　（　　）

三、名词解释

4-9 科学安全决策

4-10 安全激励

四、简答题

4-11 什么是安全目标管理？实施安全目标管理有哪些步骤？

4-12 简述安全管理计划的编制程序。

五、论述题

4-13 安全控制系统与一般的技术控制系统相比有哪些特点？

第5章 安全目标管理

导　言

安全目标管理是目标管理在安全管理方面的应用。它是指企业内部各个部门以至每一位职工，从上到下围绕企业安全生产的总目标，层层展开各自的目标，确定行动方针，安排安全工作进度，制定、实施有效的组织措施，并对安全成果严格考核的一种管理制度。

本章将要学习安全目标管理。安全目标管理是"参与管理"的一种形式，它是根据企业安全工作目标来控制企业安全管理的一种民主、科学、有效的管理方法，是企业实行安全管理的一项重要内容。

本章在内容安排上，首先介绍安全目标管理的基础知识，然后在此基础上重点讨论安全目标的制定、展开和实施。学习这些内容对于实际工作中更好地确定安全目标具有很好的实用价值。

学习目标

认知目标

1. 叙述现代安全目标管理的由来和作用。
2. 阐述安全目标的制定。
3. 叙述安全目标的协调和调整。
4. 阐述安全目标的自我管理和自我控制。

技能目标

1. 根据不同情况制定煤矿安全目标。
2. 结合制定的煤矿安全目标，进行信息交流，开展目标的实施。

情感目标

对煤矿安全管理的相关知识产生兴趣，相信自己能够选择恰当的安全目标制定方法，为煤矿安全管理提供有力的技术支撑。

5.1　安全目标管理概述

5.1.1　目标及其作用

任何一个组织都是为了实现一定的目的而组成的，并在一定时期内为实现一定的目的而工作。目标正是组织构成、活动目的的具体体现。例如，企业以生产高质量的畅销产品，提供优质的服务，使顾客满意，从而赢得高利润为目标；学校以培养能满足社会需求的人才为目标。

目标在企业管理中具有重要作用，主要体现在以下几方面：

（1）导向作用。管理的基本职能是为组织确定目标。在目标确定后，组织内的一切活动就应围绕目标的实现而开展，一切人员均应为实现目标而努力工作，组织内各层次人员之间的关系也应围绕目标的实现而进行调节。目标的设置为组织活动、人员努力指明了方向。

（2）组织作用。管理是一种群体活动，无论组织的目的是什么、组织构成的复杂程度如何，要达到组织的总目标，就必须把其成员组织起来，共同劳动、协作配合。共同劳动就必然有共同的目标，否则人们就难以形成共同协作的意愿和团结奋斗的集体，组织也就失去了凝聚力。

（3）激励作用。激励是激发人的行为动机的心理过程，就是调动人的积极性，激发人的内在动力。目标的激励作用主要表现在以下三方面：

① 在目标确定后，由于它能使人明确方向、看到前景，因而能起到鼓舞人心、振奋精神、激发斗志的作用。

② 在目标执行过程中，由于目标的制定都具有一定的先进性和挑战性，在实际工作中必须通过一定的努力才能达到，因而有利于激发人们的积极性和创造性。

③ 在目标实现后，由于人们的愿望和追求得到了实现，同时也看到了自己的预期结果和工作成绩，因而在心理上会产生一种满足感和自豪感，这样就会激励人们以更大的热情和信心去承担新的任务，达到新的目标。

（4）计划作用。计划是管理的首要职能，目标的规划和制定是计划工作的首要任务。只有组织的总目标确定之后，以总目标为中心逐级分解产生各级分目标，并制定出达到目标的具体步骤和方法，才能规范人们的行为，使各级人员按计划工作。

（5）控制作用。控制是管理的重要职能之一，它是指通过对计划实施过程进行监督、检查、追踪、反馈和纠偏，从而保证目标圆满实现的一系列活动。目标的设置为控制指明了方向，提供了标准，使组织内部人员在工作中自觉地按目标调整自己的行为，以期圆满地实现目标。

综上所述，目标是一切管理活动的中心和方向，它决定了组织最终目的执行时的行为导向、考核时的具体标准、纠正偏差时的依据。因此，在组织内部依据组织的具体情况设定目标是管理工作的重要方法和内容。

5.1.2 目标管理的由来

目标管理（Management By Objectives，MBO）是由美国管理学家彼得·德鲁克（Peter F. Drucker）创立的。1954年，他在《管理实践》一书中首先使用了"目标管理"的概念，接着又提出了"目标管理和自我控制"的主张。他认为，一个组织的"目的和任务必须转化为目标"，如果"一个领域没有特定的目标，则这个领域必然会被忽视"；各级管理人员只有通过这些目标领导下级，并以目标来衡量每个人贡献的大小，才能保证一个组织总目标的实现；如果没有一定的目标来指导每个人的工作，则组织的规模越大，人员越多，发生冲突及浪费的可能性就越大。因此，他提出让每一位职工根据总目标的要求制定个人目标，并努力达到个人目标，就能使总目标的实现更有把握。为了达到这个目的，他还主张在目标管理的实施阶段和成果评价阶段应做到充分地信任职工，实行权限下放和民主协商，使职工实行自我控制，独立自主地完成任务。此外，成果的考核、评价、奖励也必须严格按照每一位职工目标的实现情况和实际成果的大小来进行，以进一步激励每一位职工的工作热情，发挥每一位职工的主动性和创造性。

目标管理具有以下三个特点：

第一，目标管理是面向未来的管理。面向未来的管理要求管理者具有预见性，要对未来进行谋划和决策。目标正是人们对未来的期望和工作的目的，目标的实施也将在未来展开，以目标为导向，通过组织的有效工作，协调一致，自觉地追求目标实施的成果，才能实现目标。

第二，目标管理是重视成果的管理。目标管理要达到的目的是目标的实施效果，而非管理的过程。目标管理中检查、监督、评比、反馈的是各阶段及最终目标的完成情况，对达到目标的方法和过程不做限制。

第三，目标管理是自主管理。目标管理是人人参与的全员管理，通过目标把人和工作结合起来，充分发挥每个人的主观能动性和创造性，通过自我管理、自我控制、协调配合达到各自的分目标，进而达到组织的总目标。

5.1.3　安全目标管理的概念

安全目标管理就是在一定的时期内（通常为一年），根据企业经营管理的总目标，从上到下确定安全工作目标，并为达到这一目标制定一系列对策、措施，开展一系列的计划、组织、协调、指导、激励和控制活动。

安全目标管理的基本内容如下：年初，企业的安全部门在高层管理者的领导下，根据企业经营管理的总目标，制定安全管理的总目标，然后经过协商，自上而下地层层分解，制定各级、各部门直到每一位职工的安全目标和为达到目标需采取的对策、措施。在制定和分解目标时，要把安全目标与经济发展指标捆在一起同时制定和分解，还要把责、权、利逐级分解，做到目标与责、权、利的统一。通过开展一系列计划、组织、协调、指导、激励和控制活动，依靠全体职工自下而上的努力，保证各自目标的实现，最终保证企业总目标的实现。年末，对实现目标的情况进行考核，给予相应的奖惩，并在此基础上进行总结分析，再制定新的安全目标，进入下一年度的循环。

安全目标管理是企业目标管理的一个组成部分，安全管理的总目标应该符合企业经营管理总目标的要求，并以实现自己的目标来促进、保证企业经营管理总目标的实现。

为了实现系统的整体安全目标，必须做好以下工作：

第一，要制定一个既先进又可行的整体安全目标，即安全管理的总目标。这个总目标应该全面反映安全管理工作应该达到的要求，即它不是一个孤立的目标，而是能够全面反映安全工作的若干指标、体现安全工作综合水平的目标体系。只有按照这样的要求确定的总目标才能全面推动企业安全工作的发展，真正反映出安全工作的优劣，起到充分调动职工工作积极性的作用。

第二，总目标要自上而下地层层分解，制定各级、各部门直到每一位职工的安全目标。纵向到底，横向到边，形成一个纵横交错、全方位覆盖的系统安全目标网络。这是因为企业的安全总目标要依靠所有部门全体人员步调一致的共同努力才能实现。这就要求每个部门的每一位职工都应该在总目标下设置自己的分目标、子目标，自下而上地实现自己的目标，从而保证总目标的实现。分目标、子目标和总目标之间是局部和整体的关系，必须自下而上，一级服从一级，一级保证一级；每一位部门、每一位职工都应该清醒地意识到自己在整体中所占的地位，在保证实现上一级目标和总目标的前提下，追求自己目标的实现。总之，安全目标管理的目标不仅是单一层次的总目标，而是一个以实现总目标为宗旨的高度协调统一的目标系统。

第三，要重视对目标成果的考核与评价。安全目标管理以制定目标为起点，以实现目标为归宿。只有圆满地实现了目标，才能取得最佳的整体效应，达到安全管理的目的。为了了解目标达到的程度，就要进行目标成果的考核与评价。通过对目标成果的考核与评价，可以总结成绩，找出存在的问题，为进入下一周期的管理奠定基础；可以明确优劣，奖优罚劣，使目标的激励作用真正落到实处。重视目标成果，就是重视实效，认真考核与评价目标成果也有助于克服形式主义，培养和发扬踏实、细致的工作作风。

第四，要重视目标实施过程的管理和控制。安全目标管理强调重视人、激励人，充分调动每个部门、每一位职工的积极性，但这并不等于各自为政、放任自流。实现最佳的整体安全目标要求进行有组织的管理活动，要把所有的积极性集中统一起来，沿着指向目标的轨道向前运动。如果发现偏离，就应及时纠正。为此，要重视信息的收集和反馈，进行有效的指导和帮助，以及必要的协调、控制。总之，安全目标管理的目标不是一个静止的靶子，而是包含为击中这个靶子所进行的一系列动态安全管理控制过程。

5.1.4　安全目标管理的分类

由于任何安全管理活动都要确定自己的安全管理目标，所以安全目标管理必然有丰富的外延，可按多种标准进行分类。以下仅列举几种主要类型：

（1）按安全目标管理的领域分类。安全目标管理可分为安全生产目标管理、安全教育目标管理、安全检查目标管理和安全文化目标管理等。在实际的安全管理过程中，以上类型还可细分，如安全生产目标管理又可分为公共安全技术目标管理、设备安全技术目标管理、电气安全技术目标管理等。

（2）按安全目标管理的职能分类。安全目标管理可分为安全目标决策、安全目标计划、安全目标组织、安全目标协调、安全目标监督、安全目标控制等。就一项安全管理的全过程来说，上述各种安全目标管理职能是一致的，但就各种安全目标管理职能的具体行使阶段和行使部门来说，它们在内容的侧重点上又有所区别。

（3）按安全目标管理的层次分类。安全目标管理可分为高层安全目标管理、中层安全目标管理和基层安全目标管理。上述三类目标是相对而言的。例如，从全国范围来说，国家安全生产监督管理总局的安全目标管理是高层安全目标管理，各企业的安全目标管理是基层安全目标管理；而就一个企业来说，企业的安全目标管理是高层安全目标管理，车间和班组的安全目标管理分别是中层和基层安全目标管理。

（4）按安全目标管理的实现期限分类。安全目标管理可分为长期安全目标管理、中期安全目标管理和短期安全目标管理。一般来说，期限为 5～10 年的是长期安全目标，期限为 2～3 年的是中期安全目标，期限在 1 年以内的是短期安全目标。

5.1.5　实施安全目标管理的意义

实施安全目标管理的意义如下：

（1）有利于从根本上调动各级领导和广大职工做好安全生产的积极性。

（2）有利于贯彻落实安全生产责任制。

（3）有利于提高职工的素质，提升企业的安全管理水平。

（4）有利于安全管理工作的全面展开及现代安全管理方法的推广和应用。

综上所述，安全目标管理是一种高层次、综合的科学管理方法。它能有效地调动各级组织、各个部门、各级领导和全体人员做好安全生产的积极性；能充分发挥一切现代安全管理方法的积极作用；能充分体现全员、全面、全过程的现代管理思想。它的实行可以全面推进安全管理水平的提高，有效地促进安全生产状况的改善。所有这些都已经在实践中得到了证明。

5.1.6　实施安全目标管理的步骤

实施安全目标管理包括四个步骤：安全目标的制定、展开、实施和成果的考核与评价。这四个步骤紧密衔接，构成一个管理周期。在实施安全目标管理的全过程中要重视人的因素，充分发挥各级组织和每一位职工的积极性，提倡民主协商，强调自我管理和自我控制。为了做到这一点，对领导也要相应地提高要求。领导不应只凭借职权发号施令，而是要既能善于激励和调动群众，又能及时给予正确的指导和有益的帮助。

5.2　安全目标的制定

制定目标是目标管理的第一步工作。目标是目标管理的依据，因此，制定既先进又可行的安全目标是安全目标管理的关键环节。

扫描二维码,可查阅
制定安全目标原则的
IP 课件。

5.2.1　制定安全目标的原则

制定安全目标时必须坚持正确的原则,主要原则如下:

(1) 科学预测原则。

(2) 职工参与原则。

(3) 方案选优原则。

(4) 信息反馈原则。

5.2.2　安全目标的内容

制定安全目标包括确定企业安全目标方针和总目标、制定实现目标的对策措施三方面内容。

1. 企业安全目标方针

企业安全目标方针是指用简明扼要、激励人心的文字和数字对企业安全目标进行的高度概括。它反映了企业安全工作的奋斗方向和行动纲领。企业安全目标方针应根据上级的要求和企业的主客观条件,经过科学分析和充分论证后加以确定。例如,某厂某年制定的安全目标方针是"加强基础抓管理,减少轻伤无死亡,改善条件除隐患,齐心协力展宏图"。

2. 总目标(企业总安全目标)

总目标是目标方针的具体化。它具体规定了为实现目标方针在各主要方面应达到的要求和水平。若只有目标方针而没有总目标,目标方针就成了一句空话。只有根据目标方针确定总目标,总目标才有正确的方向,才能保证目标方针的实现。目标方针与总目标是紧密联系、不可分割的。

总目标是由若干个目标项目所组成的。这些目标项目应既能全面反映安全工作在各方面的要求,又能适用于国家和企业的实际情况。每一个目标项目都应规定达到的标准,而且达到的标准必须数值化,即一定要有定量的目标值。因为只有这样,才能使职工的行动方向明确、具体,在实施过程中便于检查控制,在考核评比时有准确的依据。一般来说,目标项目可以包括以下几方面:

(1) 各类工伤事故指标。根据《企业职工伤亡事故分类》(GB 6441—86),主要工伤事故指标有千人死亡率、千人重伤率、伤害频率、伤害严重率。根据行业特点,也可选用按产品、产量计算的死亡率,如百万吨死亡率、万立方米木材死亡率。

(2) 工伤事故造成的经济损失指标。根据《企业职工伤亡事故经济损失统计标准》(GB 6721—86),这类指标有千人经济损失率和百万元产值经济损失率。根据企业的实际情况,为了便于统计计算,也可以只考虑直接经济损失,即以直接经济损失率作为控制目标。

(3) 粉尘、毒气、噪声等职业危害作业点的合格率。

(4) 日常安全管理工作指标。

对于安全管理的组织机构、安全生产责任制、安全生产规章制度、安全技术措施计划、安全教育、安全检查、文明生产、隐患整改、安全档案、班组安全建设、经济承包中的安全保障等日常安全管理工作的各方面，均应设定目标并确定目标值。

3. 对策措施

为了保证安全目标的实现，在制定目标时必须制定相应的对策措施。对策措施的制定要避免面面俱到或"蜻蜓点水"，应该抓住影响全局的关键项目，针对薄弱环节，集中力量有效地解决问题。对策措施应规定时限，落实责任，并尽可能有定量的指标要求。从这些意义上来说，对策措施也可以看作为实现总目标而确定的具体工作目标。

5.2.3　确定安全目标值的主要依据和要求

确定安全目标值的主要依据是企业自身的安全状况、上级要求达到的目标值，以及历年特别是近期各项目标的统计数据。同时也要参照同行业，特别是先进企业的安全目标值。

安全目标值应具有先进性、可行性和科学性。若目标值设得过高，努力也不可能达到，则会打击安全工作者与工人的积极性；若目标值设得过低，无须努力就能达到，则无法调动安全工作者与工人的积极性和创造性。由此可见，目标值过高或过低均不能对组织的安全工作起到推动作用，达不到目标管理的目的。因此，目标值的确定应建立在科学分析论证的基础上，充分了解自身的条件和状况，并对未来进行科学的预测和决策，做到先进性和可行性的正确结合。

企业安全目标值设定的依据主要有以下几方面：

（1）党和国家的安全生产方针、政策，上级部门的重视和要求。

（2）本系统本企业安全生产的中、长期规划。

（3）工伤事故和职业病统计数据。

（4）企业长远规划和安全工作的现状。

（5）企业的经济技术条件。

5.2.4　制定安全目标的程序

制定安全目标一般分为三步，即调查、分析、评价，确定目标和制定对策措施。具体内容如下：

1. 调查、分析、评价

调查、分析、评价是制定安全目标的基础，要应用系统安全分析与危险性评价的原理和方法对企业的安全状况进行系统、全面的调查、分析、评价，重点掌握如下情况：

（1）企业的生产、技术状况。

（2）由企业发展、改革开放带来的新情况、新问题。

（3）技术装备的安全程度。

（4）人员的素质。

（5）主要的危险因素及其危险程度。

（6）安全管理的薄弱环节。

（7）曾经发生过的重大事故情况及对事故的原因分析和统计分析。

（8）历年有关安全目标指标的统计数据。

通过调查、分析、评价，还应确定需要重点控制的对象，一般有以下几方面：

（1）危险点。危险点是指可能发生事故，并能造成人员重大伤亡、设备系统重大损失的现场。

（2）危害点。危害点是指粉尘、毒气、噪声等物理化学有害因素严重，容易导致职业病和恶性中毒的场所。

（3）危险作业。

（4）特种作业。特种作业是指容易发生人员伤亡事故，对操作者本人、他人及周围设施的安全有重大危险因素的作业。

（5）特殊人员。特殊人员是指心理、生理素质较差，容易产生不安全行为，造成危险的人员。

2. 确定目标

关于确定安全目标方针和目标项目如上所述，这里主要介绍目标值的确定。

对于不同的目标项目，在确定目标值时，可以有以下三种不同的情况：

（1）对于只有近几年统计数据的目标项目，可以以其平均值作为起点目标值。例如，经济损失率的统计近几年才开始受到重视，过去的数据很不准确，不能作为确定目标值的依据。

（2）对于统计数据比较齐全的目标项目（如千人死亡率、千人重伤率等），可以利用回归分析等数理统计方法进行定量预测。

（3）对于日常安全管理工作的目标值，可以结合对安全工作的考核评价加以确定，也就是把安全工作考核评价的指标作为安全管理工作的目标值。具体地说，就是根据企业的实际情况确定考核的项目、内容、达到的标准，给出要达到标准值应得的分数。所有项目标准分的总和就是日常安全管理工作的最高目标值，以此为基础，结合实际情况，确定一个适当的低于此值的数值作为实际目标值。这样把安全目标管理和对安全工作的考核评价有机地结合起来，能更加有效地推动安全管理工作的开展，促进安全生产的发展。

3. 制定对策措施

如上所述，制定对策措施应该抓住重点，针对影响实现目标的关键问题，集中力量加以解决。一般来说，可从以下几方面进行考虑：

（1）组织、制度。

（2）安全技术。

（3）安全教育。

（4）安全检查。

（5）隐患整改。

（6）班组建设。

（7）信息管理。

（8）竞赛评比、考核评价。

（9）奖惩。

（10）其他。

制定对策措施，要重视研究新情况、新问题，如企业承包经营的安全对策、采用新技术的安全对策等；要积极开拓先进的管理方法和技术，如危险点控制管理、安全性评价等；制定的对策措施要逐项列出规定措施内容、完成日期，并落实实施责任。

学习活动1 制定企业安全培训目标

[活动目标]

结合当前煤矿安全形势依然严峻的原因，制定一个煤矿企业的安全培训目标。

[活动时间]

约30分钟。

[活动步骤]

1. 阅读文字教材中"5.2 安全目标的制定"的内容，找出描述安全目标制定的关键语句，在其下面画线。

2. 登录IP课件（三分屏），进入安全目标制定的讲解部分，熟悉安全目标制定的相关内容。

3. 明确安全目标在企业安全生产中所占的地位，收集相关的煤矿企业安全生产事故多发的原因。98%的事故是人的不安全行为引起的，而在98%的人的不安全行为中，安全意识淡薄占90%之多，安全技术水平只占不到10%。在实际的安全培训中，我们把90%的精力用在了所占比例不到10%的安全技术水平上，只把10%的精力用在了占90%的安全意识水平上。90%和10%倒挂，安全意识差日益成为制约企业安全生产的瓶颈。

4. 针对管理层和操作层，分别制定年度安全培训目标。

[反馈]

安全目标的制定在安全生产中的作用至关重要，特别是安全培训目标和预防生产过程中事故发生的各环节息息相关。针对不同人群在安全管理中的不同地位和作用，有针对性地制定安全培训目标意义重大。

5.3 安全目标的展开

根据整分合原理，制定目标时先要整体现划，还应该明确分工，即在制定企业的总安全目标以后，应该自上而下地层层展开，将安全目标分解落实到各科室、车间、班组和个人，纵向到底，横向到边，使每一位组织、每个职工都确定自己的目标，明确自己的责任，形成一个人人保班组、班组保车间、车间保厂部、层层互保的目标连锁体系。

5.3.1 目标展开的过程和要求

（1）上级在制定企业总安全目标时要发扬民主，在征求下级意见并充分协商后才能正式确定。与此同时，下级也应参照制定企业总安全目标的原则和方法初步酝酿本级的安全目标和对策措施。

（2）上级宣布企业总安全目标和保证对策措施，并向下级分解，提出明确要求，下级根据上级的要求制定自己的安全目标。在制定目标时，上下级要充分协商，取得一致。上级对下级要充分信任并加以具体指导；下级要紧紧围绕上级目标来制定自己的目标，必须做到自己的目标能保证上级目标的实现，并得到上级的认可。

（3）按照同样的方法和原则将目标逐级展开，纵向到底，横向到边，不应存在哪个部门和个人被遗漏的情况。

（4）目标展开要紧密结合落实安全生产责任制，在目标展开的同时，要逐级签订安全生产责任状，把目标内容纳入其中，确保目标责任的落实。

5.3.2 目标的协调与调整

由于企业总安全目标要依靠各级领导和所有职工的共同努力才能实现，因此，在制定目标时，不但上下级之间要充分协商，各部门、各单位之间也必须协调一致，彼此取得平衡。

除了安全目标要协调和平衡外，为了实现保证目标的对策措施，在各部门、各单位之间也要取得协调和配合。因为这些对策措施往往要通过许多部门的协调和配合才能实现。

5.3.3 安全目标展开图

为了直观、形象、简明地显示目标和目标对策，明确目标责任，应该编制安全目标展开图。安全目标展开图的格式没有统一的规定，不同的企业、不同的管理层次都可以根据自己的情况自行编制。

编制安全目标展开图的好处具体如下：

（1）使全体职工能一目了然地明确本单位的目标安全总和自己的分目标，从而起到振奋人心、加强团结的作用。

（2）使各岗位上的职工都能知道与自己有关的其他岗位在什么时间要做什么事情，便于取得联系、协调工作。

（3）在掌握下级人员安全目标的完成情况时，便于对众多安全目标项目从整体上进行调整和平衡。

（4）把安全目标展开图张贴在显眼的地方，能起到互相提醒、互相促进和互相鼓舞的作用。

5.4　安全目标的实施

安全目标的实施是指在落实保障措施、促使安全目标实现的过程中所进行的管理活动。安全目标实施的效果如何，对安全目标管理的成效起决定性作用。在这个阶段中，要着重做好自我管理和自我控制、必要的监督与协调、有效的信息交流等方面的工作。现分述如下：

5.4.1　自我管理和自我控制

这是安全目标实施阶段的主要原则。在这个阶段，企业从上到下的各级领导、各级组织、直到每一位职工都应该充分发挥自己的主观能动性和创造精神，围绕追求实现自己的目标，独立自主地开展活动，抓紧落实，实现所制定的对策措施。为了做好安全目标实施阶段的自我管理和自我控制，可以采取下面两项措施：

（1）编制安全目标实施计划表。

（2）采用旗帜管理方法。

旗帜管理方法，即对实施安全目标的各级组织分别画出类似于旗帜的管理控制图，彼此连锁，形成一个管理控制图体系，并据此来进行动态管理控制。当某级发现管理失控时，即可循着图示的线索逐级往下寻找哪里出了问题，以便及时采取措施恢复控制。

5.4.2　监督与协调

安全目标的实施除了依靠各级组织与广大职工的自我管理和自我控制外，还需要上级对下级的工作进行有效的监督、指导、协调和控制。

首先，实行必要的监督和检查。通过监督和检查，对目标实施中好的典型，要加以表扬和宣传；对偏离既定目标的情况，要及时指出并纠正；对目标实施中遇到的困难，要采取措施给予关心和帮助，使上、下级两方面的积极性有机地结合起来，从而提高工作效率，保证所有目标的圆满实现。

其次，安全目标的实施需要各部门、各级人员的共同努力和协作配合。通过有效的协调，可以消除实施过程和各阶段、各部门之间的矛盾，保证目标按计划顺利实施。

5.4.3　信息交流

企业组织中的信息交流是企业经营管理中一个不可忽视的重要过程，所有的组织活动都必须依赖信息的传递与交流来进行，包括计划、组织、领导、控制等各方面。企业是否具备高效、畅通的信息交流机制在很大程度上决定着企业本身的效率和服务的质量。

安全目标的有效实施要注重信息交流，建立健全信息管理系统，使上情能及时下达、下情能及时反馈，从而便于上级能及时、有效地对下级进行指导和协调，下级能及时掌握不断变化的情况，及时做出判断和采取对策，实现自我管理和自我控制。

本章小结

【安全目标管理】

❖ 安全目标管理概述

- ✓ 描述目标及其作用
- ✓ 叙述目标管理的由来
- ✓ 阐述安全目标管理的概念
- ✓ 总结安全目标管理的分类
- ✓ 阐述实施安全目标管理的意义
- ✓ 阐述实施安全目标管理的步骤

❖ 安全目标的制定

- ✓ 列出制定安全目标的原则
- ✓ 描述安全目标的内容
- ✓ 阐述确定安全目标值的主要依据和要求
- ✓ 叙述制定安全目标的程序

❖ 安全目标的展开

- ✓ 描述目标展开的过程和要求
- ✓ 分析目标的协调和调整
- ✓ 描述安全目标展开图

❖ 安全目标的实施

- ✓ 描述安全目标实施阶段的自我管理和自我控制
- ✓ 描述安全目标实施阶段的监督与协调
- ✓ 阐述安全目标实施阶段的信息交流

自 测 题

一、选择题

5-1 ( )是指可能发生事故,并能造成人员重大伤亡、设备系统重大损失的现场。

A. 危害点　　　　B. 危险点　　　　C. 危险作业　　　　D. 特殊作业

5-2 ( )是指粉尘、毒气、噪声等物理化学有害因素严重,容易导致职业病和恶性中毒的场所。

A. 危害点　　　　B. 危险点　　　　C. 危险作业　　　　D. 特殊作业

5-3 ( )是指容易发生人员伤亡事故,对操作者本人、他人及周围设施的安全有重大危险因素的作业。

A. 特种作业　　　　B. 危险作业　　　　C. 特殊作业　　　　D. 危害作业

5-4　(　　　)是指心理、生理素质较差，容易产生不安全行为，造成危险的人员。

A. 特种作业人员　　　　　　　　B. 特殊人员

C. 危险人员　　　　　　　　　　D. 事故频发人员

二、判断题

5-5　安全目标管理是指重视人、激励人、充分调动人的主观能动性的管理。　(　　　)

5-6　安全目标管理的"目标"不仅是激励的手段，而且是管理的目的。　(　　　)

三、名词解释

5-7　安全目标管理

5-8　特种作业

四、简答题

5-9　制定安全目标的原则有哪些?

五、论述题

5-10　论述实施安全目标管理的意义。

第6章 系统安全管理

导言

无论安全管理规章制度多么严格、人的安全素质多么高，都不可避免地存在人失误的可能性。随着系统的复杂化、大型化，这个问题将越来越严峻。

本章将要学习系统安全管理。系统安全管理通过在系统设计阶段对系统的安全问题进行系统、全面、深入的分析和研究，并合理地采取相应的措施，提高了系统的安全性，也降低了对人的行为的约束和限制，用较低的代价取得了较好的安全效果。

本章在内容安排上，首先介绍系统安全和系统安全管理概述，然后在此基础上重点讨论事故与人、机、环境的关系分析，从而对人的不安全行为及物的不安全状态进行控制。学习这些内容对于实际工作中更好地发挥安全管理的作用具有很好的实用价值。

学习目标

认知目标
1. 叙述系统安全的由来。
2. 阐述系统安全管理与传统安全管理的区别。
3. 叙述系统安全管理的实施。

技能目标
1. 运用系统安全分析方法，识别煤矿生产系统中存在的危险有害因素。
2. 结合煤矿安全生产的实际，制定控制和消除人的不安全行为的措施。

情感目标
对煤矿系统安全管理的相关知识产生兴趣，相信自己能够选择恰当的系统安全管理方法，为煤矿系统安全管理提供有力的技术支撑。

6.1 系统安全概述

众所周知，事故预防是事故控制最主要的手段，也是安全管理工作最主要的内容，技术手段则是事故预防的最好方法。因为无论安全管理规章制度多么严格、人的安全素质多么高，都不可避免地存在人失误的可能性。随着系统的复杂化、大型化，这个问题将越来越严峻，而且通过严格的管理制度束缚人的行为不是现代安全管理追求的目标。系统安全管理通过在系统设计阶段对系统的安全问题进行系统、全面、深入的分析和研究，并合理地采取相应的措施，较好地解决了这一问题。在提高系统安全性的同时，降低了对人的行为的约束和限制，用较低的代价取得了较好的安全效果。

6.1.1　系统安全的由来

任何一个企业，其经营最主要的目标就是经济效益，而经济效益是靠为市场提供高质量的产品和服务来获得的。高质量的名牌产品又会带来巨大的无形资产和更大的经济效益。安全性是产品质量的主要性能指标之一，其重要性是不言而喻的。没有人会忽略产品的安全性问题，也没有人会冒着生命危险去购买一个不安全的产品。一方面，一个企业的产品如果对其使用者造成了伤害，则对企业的市场开发、社会信誉乃至经济效益的影响都是巨大的，而且有些是不可挽回的；另一方面，企业的大多数生产工具、设备是其他企业的产品。从这一点上，可以说，安全问题，无论对制造者还是对使用者来说，都是某种产品的技术和管理上的缺陷所致的。

6.1.2　系统安全的发展

在工业生产中，传统的技术安全工作已有 160 多年的历史。在这期间，预防事故的理论与实践也取得了较大的进展。但现代大多数产品都是多学科发展的成果，传统的、单项的安全防护或单一学科的安全研究都难以解决整个产品系统的安全问题。大型产品（如飞机）或大型复杂工业设备的开发、使用过程中发生的多次灾难性事故的经验教训，使人们认识到安全工作必须从系统整体的角度去研究，从而也使得系统安全的理论与应用技术得到了应有的发展。

6.1.3　系统安全的定义及特点

1. 系统安全的定义

所谓系统安全，是指在系统的寿命周期的所有阶段，以使用效能、时间、成本为约束条件，应用工程和管理的原理、准则、技术，使系统获得最佳的安全性。

2. 系统安全的特点

虽然系统安全与传统的技术安全的目的都是实现系统的安全，但它们的工作范围和实施方法都有较大区别，具体体现在以下五方面：

（1）传统的技术安全的工作范围主要是生产和使用场所，其目的是保证操作人员和设备不致受到伤害与损坏，它并不直接涉及产品或系统的设计。系统安全则主要研究产品的全寿命周期，包括方案论证、设计、试验、制造、使用直至报废处理等各方面的安全问题，并且把重点放在研制阶段。

（2）传统的技术安全大多凭经验和直觉来处理安全问题，而且较少由表及里深入分析，因而难以彻底改善安全状态。而系统安全正是利用系统工程的方法，从系统、子系统和环境影响，以及它们之间的相互关系来研究安全问题，从而能比较深入而全面地找到潜在危险，预防事故的发生。

（3）传统的技术安全多从定性方面进行研究，一般只提出"安全"或"不安全"的概念，对安全性没有定量的描述，因而难以做出准确的判断和评价，也不便于控制和管理。而系统安全利用危险严重性、可能性等参数和指标来定量评价安全的程度，从而使预防事故的措施有了客观的度量，安全程度更加明确。

（4）传统的技术安全是从局部或处于被动状态来解决安全问题，因而不能从根本上提高系统的安全水平。而系统安全从产品或系统论证设计起就开始做系统的安全分析，它考虑到产品安全系统中所有可能的危险，如危险源、各子系统接口、软件对安全的影响等，并随着研制工作的进展，逐步细化安全分析的内容，使安全主动而全面地得以实现。

（5）传统的技术安全目标值不明确、不具体。而系统安全通过安全分析、试验、评价和优化技术的应用，可以找出减少和控制危险的最佳措施，使产品或系统的各子系统之间，设计、制造和使用之间达到最佳配合，用最少的投资获得最好的安全效果，从而最大限度地提高产品的安全水平。

6.2 系统安全管理的基本概念

6.2.1 系统安全管理的定义

系统安全由系统安全管理和系统安全工程两部分组成。

系统安全管理是确定系统安全大纲的要求，保证系统安全工作项目和活动的计划、实施、完成与整个项目的要求相一致的一门管理学科。系统安全管理，实际上就是对产品的全寿命周期安全问题的计划、组织、协调与管理。系统安全管理的核心是建立并实施系统安全大纲。

6.2.2 系统安全管理与系统安全工程

系统安全工程是指应用科学和工程的原理、准则、技术，识别和消除危险，以减少有关风险所需的专门业务知识和技能的一门工程学科。

系统安全工程与系统安全管理是系统安全的两个组成部分。前者是工程学科，后者是管理学科，两者相辅相成；前者为后者提供各类危险分析、风险评价的理论与方法，以及消除或减少风险的专门知识和技能，后者则选择合适的危险分析与风险评价的方法，确定分析的对象和分析深入的程度，并根据前者分析评价的结果做出决策，要求后者对危险进行相应的消除或控制。因此，要想使系统达到全寿命周期内最佳的安全性，两者缺一不可，而且应有机地结合在一起。

6.2.3 系统安全管理与传统安全管理

系统安全管理与传统安全管理的区别如图 6 - 1 所示。

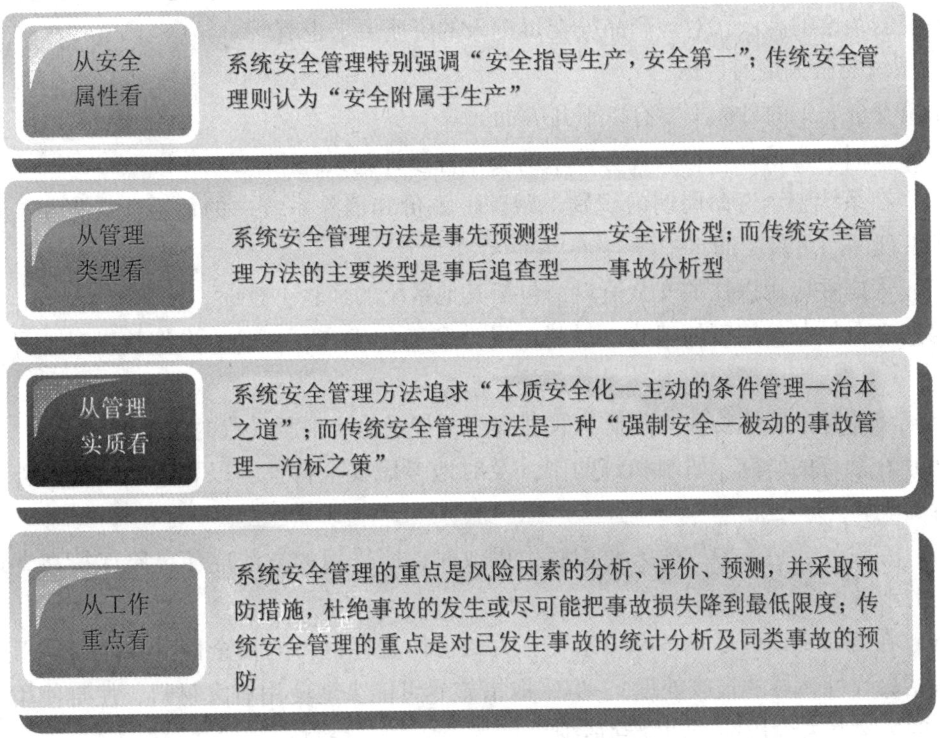

从安全属性看	系统安全管理特别强调"安全指导生产,安全第一";传统安全管理则认为"安全附属于生产"
从管理类型看	系统安全管理方法是事先预测型——安全评价型;而传统安全管理方法的主要类型是事后追查型——事故分析型
从管理实质看	系统安全管理方法追求"本质安全化—主动的条件管理—治本之道";而传统安全管理方法是一种"强制安全—被动的事故管理—治标之策"
从工作重点看	系统安全管理的重点是风险因素的分析、评价、预测,并采取预防措施,杜绝事故的发生或尽可能把事故损失降到最低限度;传统安全管理的重点是对已发生事故的统计分析及同类事故的预防

图 6 - 1　系统安全管理与传统安全管理的区别

6.3　系统安全管理的实施

6.3.1　系统安全的一般要求

1. 系统安全大纲

为了保证及时、有效地达到系统安全的目标,产品承制方必须建立和实施一个系统安全大纲。该大纲的主要内容应包括管理系统和关键的系统安全人员两部分。

(1) 管理系统。产品承制方应建立一个系统安全管理系统,旨在保证产品的安全性能符合有关要求。在该管理系统中,应由产品承制方主要负责建立、控制、结合、指导和实施系统安全大纲,并应保证将事故风险消除或控制在已建立的可接受风险范围内。此外,该系统中还应设有事故及与安全相关的事件,包括尚未发生事故或与安全相关的事件的潜在危险条件的报告、调查、处理程序。

(2) 关键的系统安全人员。为保证所建立的系统安全大纲达到上述目标,在管理系统中,应选择合适的人负责系统安全大纲的建立及实施管理过程,并在产品安全性方面直接对产品承制方的主要负责人负责。该负责人就是关键的系统安全人员,通常限制为对系统安全工作有管理职责和技术认可权的人员。为保证该类关键人员能够胜任这一重要角色，根据产品或系统复杂性的高低，对该产品安全负责人的资质要求也有所差异。

2. 系统安全大纲的目标

系统安全大纲的目标主要有以下几方面：

（1）及时、经济地将符合任务要求的安全性设计到系统中。

（2）在系统整个寿命周期内识别、跟踪、评价和消除系统中的危险，或将相应的风险降低到管理部门可接受的水平。

（3）考虑并应用以往的安全资料，包括其他系统的经验、教训。

（4）在采纳与使用新的工艺、材料、设计和新的生产、试验、操作技术时，寻求最小风险。

（5）将消除危险或将风险降低到管理部门可接受的水平所采取的措施记录成文。

（6）在系统的研究、研制和订购中，及时地考虑安全特性，以尽量减少为改善安全性而进行的改装。

（7）在设计、建造中或任务要求发生更改时，所采用的方法应使风险保持在管理部门可接受的水平。

（8）在寿命周期内尽早考虑与系统有关的任何有害材料的安全性，并使之易于报废处理（包括爆炸性武器的报废处理）。应采取措施尽可能少地使用有害材料，使与使用有害材料有关的风险和寿命周期费用降到最少。

（9）把重要的安全数据作为经验记录下来，并记入数据库，或用作更改设计手册和说明书的建议。

3. 系统安全设计要求

为实现系统安全大纲的目标，产品承制方必须在设计过程中满足系统安全设计要求，即满足核心目标需要的一般设计要求。这类要求是在具备了系统安全设计所采用的有关标准、规范、条例、设计手册、安全设计检查表和其他设计指南类资料后确定的。产品承制方应依据所有可使用的资料，包括初步危险分析（Preliminary Hazard Analysis，PHA），建立安全设计准则，并将该准则作为编制系统规范中安全要求的基础。同时，在其后的研制阶段、研制规范中继续扩充该准则和要求。

一般的系统安全设计要求包括以下 11 方面：

（1）通过设计，包括原材料的选择和代用，消除已识别的危险或降低相关的风险。若必须使用有潜在危险的原材料，应选择那些在系统寿命周期内风险最小的原材料。

（2）将有害物质、零部件和操作与其他活动、区域、人员及不相容的原材料相隔离。

（3）设备的位置安排应使工作人员在使用、保养、维护、修理和调整过程中最少地暴露于危险环境（如危险的化学药品、高压电、电磁辐射、切削刃口或尖锐部位等）中。

（4）使恶劣的环境条件（如温度、压力、噪声、毒性、加速度和振动等）所导致的风险最小。

（5）系统安全设计应使在系统使用和保障中人的差错所导致的风险最小。

（6）考虑采取补偿措施，把不能消除的危险所导致的风险降到最低程度。这类措施包括联锁、冗余、故障安全设计、系统防护、灭火设备和防护服装、设备、装置和规程等。

（7）用物理隔离或屏蔽的方法，保护冗余子系统的电源、控制装置和关键零部件。

（8）当用各种补偿设计措施都不能消除危险时，应提供安全和报警装置，并在装配、使用、维护和修理说明书中给出适当的警告和注意事项，在危险零部件、原材料、设备和设施上标出醒目标记，以确保人员和设备得到保护。对于已有的标准尚未顾及的问题，通常应按照为生产方和订购方所共同接受的方式或按照管理部门要求的条件予以标准化，并应向管理部门提供全部警告、注意和提示标志的复印件，供检查和评审使用。

（9）使意外事故中人员伤害或设备损坏的严重程度最低。

（10）设计软件控制或监测的功能，使危险事件或事故发生的可能性降到最低。

（11）评审设计准则中对安全不足或过分限制的要求，根据研究、分析或试验数据推荐新的设计准则。

4. 系统安全的优先次序

系统安全大纲的最终目标是让设计的系统不包含能导致不可接受的事故风险水平的危险。由于大多数系统的复杂性，将其设计成完全没有危险是不可能的或不切实际的。通过进行危险风险分析，就可确定需要控制的危险。系统安全的优先次序指出了满足系统安全要求和减少风险所要遵循的采取措施的选择顺序。通过评估消除具体危险或控制其相关风险的措施，就能确定出可接受的降低风险的方法。

满足系统安全要求和处理已识别危险的优先次序如下：

（1）最小风险设计。首先在设计上消除危险。若不能消除已识别的危险，则应通过设计方案的选择，将其风险降低到管理部门可接受的水平。

（2）应用安全装置。若不能消除已识别的危险或不能通过设计方案的选择充分地降低相应的风险，则应通过使用固定的、自动的或其他安全防护设计或装置，使风险降低到管理部门可接受的水平。可能时，还应规定对安全装置做定期的功能检查。

（3）提供报警装置。若设计和安全装置都不能有效地消除已识别的危险或充分地降低相关的风险，则应采用报警装置检测危险状况，并向有关人员发出适当的报警信号。报警信号及其使用应设计成使人对信号做出错误反应的可能性最小，并在同类系统中标准化。

（4）制定专用规程和进行培训。若通过设计方案的选择不能消除危险，或采用安全装置和报警装置也不能充分地降低有关风险，则应制定专用规程和进行培训。除非管理部门放弃要求，对于Ⅰ级和Ⅱ级危险绝不能仅仅使用报警装置、注意事项或其他形式的书面提醒作为唯一的降低风险的方法。规程可以包括个人防护装备的使用。警告标志应按管理部门的规定标准化。若管理部门认为这是安全关键的工作和活动，则应要求考核人员的熟练程度。

当然，在遵循系统安全优先次序的过程中，若选择某类方法后仍不能将危险的风险降低到可接受的水平，也可以采用同时选择两种以上的方法，以尽可能地降低危险的风险，但前提是必须遵循优先次序的基本原则。

此外，由于危险识别、分类及纠正措施是在整个研制阶段的设计、研制和试验中实施的，因而必须结合风险评价，以确定必须采用的纠正措施。但无论采用何种水平的纠正措施，都应在各类情况下加以全面验证。

5. 风险评价

为了明确系统发生危险的可能性及后果的严重程度，以寻求最低的事故发生率和最小损失，必须建立系统的风险评价模型。一个好的风险评价模型应能使决策者正确了解风险的大小，以及为把该风险降低到可接受水平可采取的措施和付出的代价。

（1）风险分析矩阵方法。在风险评价方法中，应用最为广泛的方法为风险评价指数（Risk Assessment Code，RAC），即用危险可能性和危险严重性来表征危险的特性，进而建立相应的评价矩阵。

危险可能性是指危险事件发生的可能程度。危险可能性可用单位时间内事件、人数、项目或活动中可能产生危险的次数来表示。危险严重性是描述某种危险可能引起事故的严重程度。危险严重性等级给出了人的失误，环境条件，设计缺陷，规程缺陷，系统、子系统、部件故障或失效引起的最严重事故的定性量度。

RAC 方法将危险可能性划分成五级，将危险严重性划分为四级，分别如表 6 - 1 和表 6 - 2 所示。按危险可能性与危险严重性两个因素建立一个二维矩阵，矩阵的每一个元素都对应一个危险可能性和危险严重性等级，并用一个数值或代码表示，称为"风险评价指数"，用来表示风险的大小。

表 6 - 1　危险可能性等级表

说　明	等级	单 个 项 目	总　　　　　体
频繁	A	可能经常发生	连续发生
很可能	B	在寿命周期内出现若干次	频繁发生
偶然	C	在寿命周期内可能有时发生	发生若干次
很少	D	在寿命周期内不易发生，但可能发生	不易发生，但有理由可能发生
不可能	E	不易发生，可认为不会发生	不易发生，但可能发生

表 6 – 2 危险严重性等级表

说 明	等 级	定 义
灾害性	I	死亡、系统报废、环境的严重破坏
严重性	II	严重伤害、严重职业病、系统或环境的较严重破坏
轻度性	III	轻度伤害、轻度职业病、系统或环境的轻度破坏
可忽略性	IV	轻于轻度伤害、轻度职业病、轻于系统或环境的轻度破坏

（2）安全检查表法。安全检查表法既是一种系统安全分析方法，又是一种系统风险评价方法，它被广泛应用。设计用安全检查表的内容应系统、全面地提出设计项目所应具备的标准状态和安全要求。

编制煤矿安全检查表的依据主要包括以下几方面：

① 有关规程、规范、规定和标准。

② 国内外事故案例。认真收集以往发生事故的案例，结合本矿实际，把能够导致伤亡或其他事故的各种不安全状态都一一列举出来。

③ 其他系统安全分析法的分析结果。整理根据其他系统安全分析法对系统进行分析的结果，将导致事故的各基本事件作为预防灾害的要点列入安全检查表。

④ 本矿实际的经验和矿情。立足本矿实际，总结安全管理和生产操作的实践经验，分析导致事故的潜在危险因素和外界环境条件。

编制煤矿安全检查表的步骤包括以下几方面：

① 确定检查的对象与目的。

② 剖切系统。根据检查的对象与目的，把系统剖切成子系统、部件或元件。

③ 分析可能的危险性。对各剖切块进行分析，找出被分析系统中存在的危险因素，评定其危险程度和可能造成的后果。

④ 定检查要点。根据危险性大小及重要度顺序，对应所定出的检查项目，以提问的形式列出检查要点并列成表格。

鉴于安全检查的对象不同，检查的着眼点也不同，因而需要编制多种类型的安全检查表。按检查周期不同，有定期安全检查表和不定期安全检查表；按检查的用途不同，可分为设计用安全检查表、集团（公司）级安全检查表、矿（厂）级安全检查表、区队（车间）安全检查表、班组及岗位安全检查表、专业安全检查表等。

① 设计用安全检查表。任一矿井或项目设计的质量高低将直接影响以后的生产与安全，所以从设计开始，就必须把安全问题考虑进去，否则，若等设计完成后再进行修改，不仅会浪费大量的资金，而且往往达不到预期的效果。因此，在设计之前，应为设计者提供相应的安全检查表。设计用安全检查表的内容应系统、全面地提出设计项目所需具备的标准状态和

安全要求。

② 集团（公司）级安全检查表。集团（公司）级安全检查表是供集团（公司）安全监察、技术及有关部门进行全局性安全检查或预防性检查时使用的安全检查表。其内容主要包括集团（公司）所属各矿和有关部门的安全措施、安全装置、施工质量（如掘进巷道支护质量、采矿工作面质量）、灾害预防（瓦斯灾害、水害、火灾等）、危险物品（如爆破材料）的储存及运输和使用、操作管理和遵章守纪等的制度和执行情况。

③ 矿（厂）级安全检查表。矿（厂）级安全检查表是供矿山（矿井）进行定期或不定期的全矿性安全检查（包括预防性检查）时使用，也可供安全监察部门和上级有关部门在进行巡回安全检查时使用的安全检查表。其内容主要包括各工序安全、设备布置运行、施工质量、灾害预防、通风安全、粉尘及有毒有害气体浓度超限的预防、操作管理和规章制度等。

④ 区队（车间）安全检查表。区队（车间）安全检查表是供区队（车间）进行日常性安全检查或预防性检查时使用的，该表主要集中在防止人身、设备、机械加工等事故方面。其内容主要包括工艺安全、设备布置、安全通道、通风照明、安全标志、粉尘及有毒有害气体的浓度、消防救护措施及操作使用管理等。例如，采区安全检查表的内容包括采掘工艺安全、通风系统的可靠性和稳定性、防尘洒水系统的可靠性，以及防火系统、采区供电系统、运输系统的安全性和操作管理的可靠性等。

⑤ 班组及岗位安全检查表。班组及岗位安全检查表是供采掘队、班组进行自检、互检或安全教育使用的。其内容应根据所在岗位的工艺与设备的防灾控制要点来确定，要求内容具体、易行。例如，对于采煤队，要有煤矿综合机械化采煤（简称综采）机械的操作系统、截煤系统、支架自移系统、牵引系统、灭尘洒水系统和工作面运输巷的运输系统、液压系统等的安全可靠性，以及顶板、采空区状态的观测系统等方面的内容。

⑥ 专业安全检查表。专业安全检查表由专业机构或职能部门编制和使用。例如，矿井通风机安全检查表应包括专用供电线路控制盘、电气和机械部分的安全运转、通风机性能、反风装置、测试仪表、消防等检查内容，它主要用于进行定期的安全检查或季节性检查。

学习活动 1　制定安全检查表

［活动目标］
　　结合安全检查表编制的要求和步骤，编制矿级煤巷掘进防止爆炸事故的安全检查表。
［活动时间］
　　约 30 分钟。

[活动步骤]

1. 阅读文字教材中"6.3 系统安全管理的实施"的内容，找出描述安全检查表制定的关键语句，在其下面画线。

2. 登录IP课件（三分屏），进入系统安全管理实施的讲解部分，熟悉安全检查表制定的相关内容。

3. 明确安全检查表在系统安全分析和评价中所占的地位，收集相关国内外事故案例中煤矿企业煤巷爆炸事故发生的原因，收集矿山实际生产情况的相关资料。

4. 结合编制安全检查表的步骤，将系统划分成子系统，分析可能的危险性，找出煤巷掘进系统中爆炸发生的原因，对应确定检查项目，编制表格。

5. 根据确定的检查项目，设置检查要点。矿级煤巷掘进防止爆炸事故的安全检查表如表6-3所示。

表6-3 矿级煤巷掘进防止爆炸事故的安全检查表

序号	检查项目	检查要点	是√ 否×	备注
1	瓦斯积聚	① 是否摸清掘进工作面瓦斯的涌出情况及其变化规律。 ② ……		
2	煤尘悬浮			
3	引爆热源			
4	安全管理			

[反馈]

安全检查表法既是一种系统安全分析方法，又是一种系统风险评价方法，它被广泛应用。设计用安全检查表的内容应系统、全面地提出设计项目所应具备的标准状态和安全要求。

（3）事故树分析法。事故树（Fault Tree，FT）也称为故障树，形似倒立着的树。树的"根部"顶点节点表示系统的某一个事故，树的"梢部"底节点表示事故发生的基本原因，树的"枝杈"中间节点表示由基本原因促成的事故结果，它又是系统事故的中间原因；事故因果关系的不同性质用不同的逻辑门表示。这样画成的一个"树"用来描述某种事故发生的因果关系，称为事故树，即事故树是用逻辑符号和事件符号连接的树形图。

实践表明，事故树分析法是安全评价的重要分析方法之一。这种方法把系统可能发生的某种事故与导致事故发生的各种原因之间的逻辑关系用一种称为事故树的树形图表示，通过对事故树的定性与定量分析，找出事故发生的主要原因，为确定安全对策提供可靠依据。该方法简便、形象直观、逻辑严谨，可利用计算机运算，所以它具有推广应用的价值。事故树分析法主要有以下四个特点：

①事故树分析法是一种图形演绎方法，是事故事件在一定条件下的逻辑推理方法。它可以围绕某个特定的事故做层层深入的分析，因而在清晰的事故树图形下，表达了系统内各事件之间的内在联系，并指出了单元故障与系统事故之间的逻辑关系，便于找出系统的薄弱环节。

②事故树分析具有很大的灵活性，不仅可以分析某些单元故障对系统的影响，还可以对导致系统事故的特殊原因（如人为因素、环境影响）进行分析。

③进行事故树分析的过程是一个对系统更深入地认识的过程，它要求分析人员把握系统内各要素之间的内在联系，弄清楚各种潜在因素对事故发生影响的途径和程度，因而许多问题在分析的过程中就被发现和解决了，从而提高了系统的安全性。

④利用事故树模型，可以定量计算复杂系统发生事故的概率，为改善和评价系统安全性提供了定量依据。

为了对事故树的编制有更好的认识，下面以某矿防止掘进工作面瓦斯问题的事故树编制为例，介绍事故树的编制过程。

①确定事故树的顶事件。从该矿掘进工作面现场的实际生产情况来看，瓦斯超限事故是掘进工作面经常出现且严重影响安全生产的事故，甚至可能进一步产生瓦斯爆炸，造成巷道变形、支架损坏、设施破坏及人员伤亡等重大损失，后果严重。因此，选取"掘进工作面瓦斯超限"为顶事件。

②研究顶事件可能的原因。为了分析"掘进工作面瓦斯超限"这个顶事件可能产生的原因，可以考虑从人、机、环境三方面来分析和调查与事故树顶事件有关的所有事故原因。经研究分析、确定"环境因素""通风不足"和"瓦斯漏检"三个事件作为顶事件"掘进工作面瓦斯超限"事故发生的可能原因。

③分析基本事件。在确定顶事件产生原因的基础上，通过分析矿井的实际生产条件和采煤工艺，进一步探寻发生事故原因的基本事件。

A. 环境因素。在"环境因素"方面可能有"瓦斯突出""瓦斯突然涌出""瓦斯涌出量大"这些基本事件，它们都有可能使得瓦斯在短时间内积聚。

B. 通风不足。在"通风不足"方面可能有"通风系统不合理""风筒漏风""无风"这些基本事件。其中，"通风系统不合理"又可能由"风筒断面小""局部通风机吸循环风""风筒路线长""风筒出口与工作面超距"等造成，这些基本事件的出现就会导致通风不足或效率低下。"无风"是"备用局扇启动不及时"和"局扇故障"同时发生的结果。

C. 瓦斯漏检。在"瓦斯漏检"方面可能有"检测时间不合理""瓦斯报警仪失灵"和"检测地点不合理"这些基本事件，而"瓦斯报警仪失灵"是"结构件故障"和"维修不及时"同时发生造成的。

这些事件的发生导致当掘进工作面瓦斯积聚时没有采取有效的措施解决,从而造成"掘进工作面瓦斯超限"。

④ 统筹确定分析的深度。在分析原因事件时,到底要分析到哪一层,如果分析得太浅,则会发生遗漏;如果分析得太深,则事故树会过于庞大。因此,在分析该事故树时,应该综合考虑、统筹兼顾。

在该"掘进工作面瓦斯超限"事故树中,对于"瓦斯报警仪失灵"这一基本事件,如果进一步分析到底是断电原因或设备故障,还是出厂时是次品的问题,则涉及机电方面的众多问题,导致事故树过于庞大,因此,本次分析暂不考虑上述深层次的原因,这样事故树就会大大简化,也便于分析。

根据上述材料,从顶事件"掘进工作面瓦斯超限"开始进行演绎分析,首先找出导致瓦斯超限的三个原因"环境因素""通风不足""瓦斯漏检",这三个事件与顶事件用逻辑或门连接,在进一步挖掘导致这三个事件发生的原因后,找出"掘进工作面瓦斯超限"的基本事件,并采取适当的逻辑门符号进行连接,最终编制成的事故树如图6-2所示。

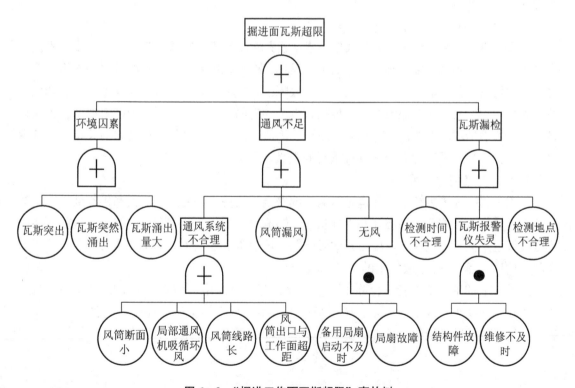

图6-2 "掘进工作面瓦斯超限"事故树

6. 已识别危险的处理

对已识别的危险，应采取措施将其消除或把相应的风险降低到可接受的水平。对灾难性的、严重性的和产品订购方指定的危险的风险，不能仅依赖警告、提示和规程、培训的手段。

扫描二维码，可查阅事故树分析方法。

在采取了上述措施后，仍存在一些危险，包括无合适的控制措施的危险、不打算采取控制措施的危险和控制措施尚不完善的危险，这三类危险的风险称为剩余风险。如剩余风险仍不能满足产品订购方的要求，则产品承制方必须选择是否进一步采取措施。

6.3.2　事故与人、机、环境的关系分析

1. 事故与人的关系分析

事故致因理论指出，事故是人的不安全行为和物的不安全状态接触所致的。统计资料表明，人的不安全行为导致的事故一般在 80% 以上。影响人的不安全行为的因素很多，其中，心理因素是一个不可忽视的重要因素，与事故有关的心理因素主要是人的性格和心理状态。

2. 事故与机的关系分析

在人—机—环境系统中，人是决定因素，机是重要因素。随着科学技术的进步、机械化水平的提高，机越来越多地替代了人的手工操作，在系统中发挥着越来越重要的作用。但随之而来的是机械伤害事故的增多。机械设备故障已经成为影响人—机—环境系统的安全性和造成人员伤亡事故的重要原因之一。根据日本劳动省的统计，在所有的劳动事故中，机械设备方面的原因造成的事故占 35.2% ~ 36.5%。因此，深入研究事故与机之间的关系，对减少事故的发生、提高系统的安全性具有重要的意义。

3. 事故与环境的关系分析

在人—机—环境系统中，环境是影响系统安全性的一个重要因素。人和机都处于一定的环境中，环境常影响着人的心理和生理状态，影响着人的工作效率和身心健康；机的效能的充分发挥也不同程度地受到环境因素的影响。环境通常也是滋生人的不安全行为和物的不安全状态的"土壤"，是事故发生的基础原因。

煤矿井下的生产条件特殊，除了有水、火、瓦斯、煤尘、顶板事故等自然灾害的威胁外，工作空间狭小，视觉环境差，矿尘与噪声污染严重，不少矿井还受到高温、高湿的热害。在这样的劳动环境中，矿工的工作效率低，而且易出现差错，引发事故。

本 章 小 结

【系统安全管理】

```
❖    系统安全概述

        ✓   描述系统安全的由来
        ✓   叙述系统安全的发展
        ✓   阐述系统安全的定义及特点

❖    系统安全管理的基本概念

        ✓   描述系统安全管理的定义
        ✓   描述系统安全管理与系统安全工程
        ✓   阐述系统安全管理与传统安全管理

❖   系统安全管理的实施

        ✓   描述系统安全的一般要求
        ✓   进行事故与人、机、环境的关系分析
```

自 测 题

一、选择题

6-1　下列关于系统安全优先次序的排列中，正确的是(　　)。

　　A. 最小风险设计、提供报警装置、应用安全装置、制定专用规程和进行培训

　　B. 最小风险设计、应用安全装置、提供报警装置、制定专用规程和进行培训

　　C. 应用安全装置、最小风险设计、制定专用规程和进行培训、提供报警装置

　　D. 提供报警装置、最小风险设计、应用安全装置、制定专用规程和进行培训

6-2　系统全寿命周期的最后一个阶段是指 (　　)。

　　A. 技术指标论证阶段　　　　　　　　B. 生产阶段

　　C. 使用和保障阶段　　　　　　　　　D. 报废处理阶段

二、判断题

6-3　系统安全与传统的技术安全工作范围和实施方法有较大的区别。　　　(　　)

6-4　人—机—环境系统的安全可靠性对安全生产有着重要的作用。　　　(　　)

三、名词解释

6-5　系统安全

6-6　系统

四、简答题

6-7　简述系统安全管理与传统安全管理的区别。

6-8　评价一个设计、设备、工艺过程是否安全，可从哪些方面加以考虑？

五、论述题

6-9　论述事故与人、机、环境的关系。

第7章　职业安全健康管理体系

导　言

职业安全健康管理体系作为管理标准化的标志，是安全管理的一个重要进展和现代企业管理的组成部分。

本章将要学习职业安全健康管理体系，其目的是企业通过建立科学的安全管理体系，执行职业安全健康的相关法律、法规、规范和规章制度，进行危害辨识，并采取相应的预防措施，防止发生职业病、人身伤害和其他事故，保证员工在职业活动中的安全健康，保障企业建立良好的生产活动秩序，促进企业的安全、和谐发展。

本章在内容安排上，首先介绍职业安全健康管理体系的发展概况，然后在此基础上重点讨论职业安全健康管理体系的原理、适用范围及特点，职业安全健康管理体系的要素，煤矿企业职业安全健康管理体系。学习这些内容对于实际工作中更好地发挥安全管理的作用具有很好的实用价值。

学习目标

认知目标

1. 叙述职业安全健康管理体系的发展概况。
2. 阐述职业安全健康管理体系的原理与适用范围。
3. 叙述职业安全健康管理体系的特点。
4. 阐述职业安全健康管理体系的基本要素。
5. 分析职业安全健康管理体系要素之间的联系。
6. 叙述煤矿企业职业安全健康管理体系。

技能目标

运用职业安全健康管理体系要素之间的关系，实现职业安全健康管理体系的持续改进。

情感目标

对煤矿安全管理的相关知识产生兴趣，相信自己能够利用职业安全健康管理体系，为煤矿安全管理提供有力的技术支撑。

7.1　职业安全健康管理体系的发展概况

职业安全健康管理体系（Occupational Safety and Healthy Management System，OSHMS）是20世纪80年代后期在国际上兴起的现代安全生产管理模式，它与质量管理体系和环境管理体系等一样被称为后工业化时代的管理方法。该体系是由一系列标准构筑的一套系统，它表达了一种对组织的职业安全健康进行控制的思想。

7.1.1 职业安全健康管理体系的产生

现代社会是一个工业文明高度发达的社会，但是随着生产的发展，市场竞争日益加剧，社会往往过多地专注了发展生产，而有意无意间忽视了劳动者的劳动条件和环境状况的改善。国际劳工组织统计结果表明，全球职业安全健康状况明显呈恶化趋势，职业安全健康管理面临着更多新问题与挑战。

职业安全健康管理体系最早由国际标准化组织（International Organization for Standardization，ISO）第 207 技术委员会于 1994 年 5 月在澳大利亚会上提出，其后成立了由中、美、英、法、德等国及国际劳工组织和世界卫生组织的代表组成的特别工作组进行专门研究。职业安全健康管理体系的产生适应企业自身发展的需要。随着企业规模的不断扩大和生产集约化程度的进一步提高，对企业的质量管理和经营模式提出了更高的要求。企业不得不采用现代化的管理模式，使包括生产管理在内的所有生产经营活动科学化、标准化、法律化。因此，从 20 世纪 90 年代初，特别是在国际标准化组织将 ISO 9000 和 ISO 14000 成功地引入管理体系方法之后，一些发达国家率先开展了实施职业安全健康管理体系的活动，职业安全健康管理开始进入系统化阶段。

7.1.2 职业安全健康管理体系的发展

1. 职业安全健康管理体系的发展阶段

20 世纪 50 年代，职业安全健康管理体系的主要内容是控制有关人身伤害的意外，防止意外事故的发生，不考虑其他问题，它是一种相对消极的控制。20 世纪 70 年代，其主要内容是进行一定程度的损失控制，涉及部分与人、设备、材料、环境有关的问题，但它仍是一种消极控制。到了 20 世纪 90 年代，职业安全健康管理已发展到控制风险阶段，对个人因素、工作或系统因素造成的风险，可进行较全面、积极的控制，它是一种主动反应的管理模式。

21 世纪，职业安全健康管理是控制风险，将损失控制与全面管理方案配合，实现体系化的管理。这一管理体系不仅需要考虑人、设备、材料、环境，还要考虑人力资源、产品质量、工程和设计、采购货物、承包制、法律责任、制造方案等。英国安全卫生执行委员会的研究报告显示，工厂伤害、职业病和可被防止的非伤害性意外事故所造成的损失占英国组织获利的 5% ~ 10%。各国关于职业安全健康的规定日趋严格，不仅强调保障人员的安全，对工作场所及工作条件的要求也相继提高。

2. 我国职业安全健康管理体系的发展概况

职业安全健康管理体系的宗旨与我国安全工作中"安全第一、预防为主"的工作方针相一致。作为国际标准化组织的正式成员国，我国非常重视职业安全健康管理体系的研究。1995 年，我国政府就派相关人员参加了由国际标准化组织组建的职业安全健康管理体系标准化特别工作小组；1996 年，参加了在日内瓦召开的职业安全健康管理体系标准化国际研讨会；1998 年，中国劳动保护科学技术学会提出了学会标准《职业安全卫生管理体系规范及使用指南》（CSSTLP 1001：1998），并根据此标准在国内建立了职业安全健康管理体系实施和认证的试点。

1999 年 10 月，国家经济贸易委员会发布了《关于职业安全卫生管理体系试行标准有关问题的通知》(国经贸厅安全〔1999〕447 号) 和《关于开展职业安全卫生管理体系认证工作的通知》两个文件，为推动职业安全卫生管理体系的发展提供了新的动力。为促进职业安全卫生管理体系工作的顺利开展，使职业安全卫生管理体系认证工作更加规范，2000 年 9 月，国家安全生产行政主管部门下文，成立了全国职业安全卫生管理体系认证指导委员会、全国职业安全卫生管理体系认证机构认可委员会和全国职业安全卫生管理体系审核员注册委员会。这三个机构的成立为职业安全卫生管理体系的建设及认证工作提供了组织基础，并组织力量制定了一系列基础性文件，为我国职业安全健康工作的开展起到了积极的作用。国家质量监督检验检疫总局、国家标准化管理委员会于 2011 年 12 月 30 日批准发布《职业健康安全管理体系　要求》（GB/T 28001—2011），并于 2012 年 2 月 1 日正式实施。

7.2 职业安全健康管理体系的原理、适用范围及特点

7.2.1 职业安全健康管理体系的原理与适用范围

1. 职业安全健康管理体系的原理

现代职业安全健康管理体系的基本思想是"以人为本，遵守法律、法规，风险管理，持续改进"，管理的核心是系统中导致事故的根源，即危险源，强调通过危害辨识、风险评价和风险控制来达到控制事故、实现系统安全的目的。

职业安全健康管理体系的运行基础是戴明循环，即 PDCA 循环。

（1）P——计划（Plan）。确定组织的方针、目标，配备必要的资源；建立组织机构，规定相应的职责、权限和相互关系；识别管理体系运行的相关活动或过程，并规定活动或过程的实施程序和作业方法等。

（2）D——行动（Do）。按照计划所规定的程序（如组织机构程序和作业方法等）加以实施。实施过程与计划的符合性及实施的结果决定了组织能否达到预期目标，因此，保证所有活功在受控状态下进行是实施的关键。

（3）C——检查（Check）。为了确保计划的有效实施，要对计划实施效果进行检查，并采取措施修正、消除可能产生的行为偏差。

（4）A——改进（Action）。管理过程不是一个封闭的系统，所以需要随着管理活动的深入，针对实践中发现的缺陷、不足和变化的内、外部条件，不断对管理活动进行调整、完善。

2. 职业安全健康管理体系的适用范围

职业安全健康管理体系标准针对现场的职业安全健康，而不是针对产品安全和服务安全。它适用于有下列意愿的组织：

（1）建立职业安全健康管理体系，有效地消除和尽可能地降低员工和其他相关人员可能遭受的与用人单位活动有关的风险。

（2）实施、维护并持续改进职业安全健康管理体系。

（3）确保遵循其声明的职业安全健康方针。

（4）向社会表明其职业安全健康工作原则。

（5）谋求外部机构对其职业安全健康管理体系进行认证和注册。

7.2.2 职业安全健康管理体系的特点

职业安全健康管理体系的特点如下：

（1）系统性。职业安全健康管理体系的内容由职业安全健康方针、策划、实施与运行、检查与纠正措施和管理评审五大功能组成。每一功能模块又由若干要素构成，这些要素之间不是孤立的，而是相互联系的，要素之间的相互依存、相互作用使所建立的体系完成特定的功能。职业安全健康管理体系标准强调结构化、程序化、文件化的管理手段。这些均体现了其系统性。

（2）先进性。职业安全健康管理体系是改善组织职业安全健康管理的一种先进、有效的标准化管理手段。该体系把组织的职业安全健康工作当作一个系统来研究，确定影响职业安全健康的要素，将管理过程和控制措施建立在科学的危害辨识、风险评价的基础上；对每个体系要素都规定了具体要求，并建立和保持一套以文件支持的程序，严格按程序文件的规定执行。

（3）持续改进。职业安全健康管理体系标准明确要求，组织的最高管理者在所制定的职业安全健康方针中，应包含对持续改进的承诺。同时，在管理评审要素中规定，组织的最高管理者应定期对职业安全健康管理体系进行评审，以确保体系的持续适宜性、充分性和有效性。

（4）预防性。职业安全健康管理体系的精髓是危害辨识、风险评价与控制，它充分体现了"安全第一、预防为主、综合治理"的安全生产方针。实施有效的风险辨识、评价与控制，可实现对事故的预防控制。

（5）全员参与、全过程控制。职业安全健康管理体系标准要求实施全过程控制。该体系的建立引进了系统和过程的概念，把职业安全健康管理作为一项系统工程，以系统分析的理论和方法来解决职业安全健康问题。该体系强调采取先进的技术、工艺、设备及全员参与，对生产的全过程进行控制，这样才能有效地控制整个生产活动过程中的危险因素，确保组织的职业安全健康状况得到改善。

职业安全健康管理体系的实施对职业安全健康工作将产生积极的推动作用。这主要体现在以下几方面：

（1）全面规范、改进企业职业安全健康管理，保障企业员工的生命安全与职业健康，保障企业的财产安全，提高工作效率。

（2）改善与政府、员工、社区的公共关系，提高自己的声誉。

（3）防止安全管理失误、漏洞的发生，消除第二类危险源。

（4）有利于职业安全健康管理标准与国际接轨，克服产品及服务在国内外贸易活动中的非关税贸易壁垒，取得进入市场的通行证。

（5）有利于提高企业安全与卫生等级，降低企业职工职业安全健康的保险成本。

（6）有利于提供持续满足法律要求的机制，降低企业风险的发生。

（7）有利于提高企业的综合竞争力和全民安全意识。

7.3　职业安全健康管理体系的要素

职业安全健康管理体系是按照职业安全健康管理体系标准的要求建立起来的，全面、正确地理解职业安全健康管理体系标准是建立职业安全健康管理体系的基础。

7.3.1　职业安全健康管理体系的基本要素

职业安全健康管理体系由五个一级要素组成，即职业安全健康方针、策划、实施与运行、检查与纠正措施和管理评审，下分17个二级要素，如图7-1所示。

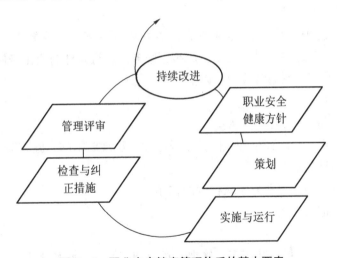

图7-1　职业安全健康管理体系的基本要素

1. 总要求

企业应按照职业安全健康管理体系标准的全部要求，建立并保持管理体系。同时，企业可以自由、灵活地确定建立和实施体系的范围。

2. 职业安全健康方针

企业应有经最高管理者批准的职业安全健康方针，以阐明整体职业安全健康的目标和改进职业安全健康绩效的承诺。该方针是建立、实施与改进企业职业安全健康管理体系的推动力，并具有保持和改进职业安全健康行为的作用。

3. 策划

策划阶段包括危害辨识、风险评价和风险控制的策划，法律、法规及其他要求，目标及职业安全健康管理方案四方面内容，它是建立职业安全健康管理体系的启动阶段。

（1）危害辨识、风险评价和风险控制的策划。企业应建立并保持危害辨识、风险评价和实施必要控制措施的程序。此程序应包括以下几方面：常规和非常规的活动；所有进入作业场所人员的活动；所有作业场所内的设施。

（2）法律、法规及其他要求。企业应建立并保持识别和获取适用法律、法规及其他职业安全健康要求的程序，并及时更新这些信息，将有关信息传达给相关人员。同时，企业需要认识和了解其活动受到哪些法律、法规及其他要求的影响，并将这一方面的信息传达给全体员工。另外，企业也必须与行业保持联系，遵守行业规范。

（3）目标。企业应针对其内部相关职能和层次，建立并保持文件化的职业安全健康目标。在建立和评审目标时，企业应考虑法律、法规及其他要求，自身的职业安全健康风险，可选技术方案，财务，运行和经营要求，以及相关方的观点。目标应符合职业安全健康方针，并体现对持续改进的承诺。目标的重点应放在持续改进员工的职业安全健康防护措施上，以达到最佳职业安全健康绩效。

（4）职业安全健康管理方案。企业应制定并保持职业安全健康管理方案，以实现其制定的目标。同时，企业还应针对其活动、产品、服务或运行条件的变化修订方案。

职业安全健康管理方案通常应包括以下内容：

① 总计划和目标。

② 各级管理部门的职责和指标要求。

③ 满足危害辨识、风险评价和风险控制及法律、法规要求的实施方案。

④ 详细的行动计划及时间表。

⑤ 方案形成过程的评审和方案执行中的控制。

⑥ 项目文件的记录方法。

4. 实施与运行

实施与运行阶段包括机构和职责；培训、意识和能力；协商和交流；文件化；文件和资料控制；运行控制；应急预案与响应。

（1）机构和职责。企业的最高管理者应承担职业安全健康的最终责任，并在安全健康管理活动中起领导作用。从事职业安全健康风险的管理、执行和验证的工作人员，应确定自身的作用、职责和权限，并形成文件予以传达。同时，企业应在最高管理层中任命一名成员作为管理者代表来承担特定的职业安全健康管理职责。

（2）培训、意识和能力。培训是手段，提高职业安全健康意识、达到完成任务所必备的能力是真正的目的。为此，企业的管理者应对人员胜任其工作所需的经验、能力和培训水平加以确定。

（3）协商和交流。协商的内容包括员工参与职业安全健康方针、目标、计划、制度的制定和评审，参与危害辨识、风险评价与风险控制措施和事故调查处理等事务，从而体现员工在职业安全健康方面的权利和义务。交流的方式包括报纸、广告、宣传单、会议、意见箱等。

协商和交流包括两方面的含义：一是内部各部门、各层次之间的协商和交流；二是与外部的协商和交流。内部协商和交流体现在各部门、各层次之间的协作上，如技术部门与生产部门的合作，不仅要保证危险因素得到良好的控制，而且要不断改进技术经济指标。内部信息的迅速交流是明确职业安全健康责任的一个重要内容，任何信息的停滞和不畅都会造成体系运行的失败。外部信息的交流体现在对所有事故、事件、职业安全健康意见的处理及反馈上。

（4）文件化。企业应以适当的方式（如书面和电子形式）建立并保持下列信息：

① 对管理体系的核心要素及其相互作用的描述。

② 相关文件的查询途径。

职业安全健康管理体系文件在满足充分性和有效性的前提下，应做到最小化。以文件的形式描述组织的职业安全健康管理体系，并提供相关文件的查询途径，形成一套职业安全健康管理文件系统，全面支持现有的职业安全健康管理体系，为组织的内部管理和外部审核提供根据。

（5）文件和资料控制。企业应建立并保持程序，控制规范所要求的所有文件和资料，以满足下列要求：

① 文件和资料易于查询。

② 对它们进行定期评审，必要时予以修订，并由授权人员确认其适宜性。

③ 所有对职业安全健康管理体系的有效运行具有重要作用的岗位，都能得到有关文件和资料的现行版本。

④ 及时将失效文件和资料从所有发放与使用场所撤回，或采取其他措施防止误用。

⑤ 根据法律、法规的要求或保存信息的需要，留存的档案性文件和资料应予以适当标示。

对职业安全健康管理体系文件的管理，如文件的标示、分类、归档、保存、更新和处置等，是文件控制的主要内容。为了实施对文件和资料的控制，除管理手册和程序文件以外，还应有适当的支持文件。职业安全健康管理体系应侧重对体系运行和危险因素的有效控制，而不是建立过于烦琐的文件控制系统，在建立体系和运行体系中要注重实施。

（6）运行控制。运行控制是指按照目标、指标及有关程序控制职业安全健康管理体系的运转，保证系统的有效运行。运行控制是职业安全健康管理体系的实际操作过程，也是逐步实现目标和指标的过程，其三个要素是控制、检查、不符合与纠正措施。运行控制的内容包括以下几方面：

① 作业场所危害辨识与评价。

② 产品和工艺设计安全。

③ 作业许可制度（有限空间、动火、挖掘等）。

④ 设备维护保养。

⑤ 安全设备与个体防护用品。

⑥ 安全标志。

⑦ 物料搬运与储存。

⑧ 运输安全。

⑨ 采购控制。

⑩ 供应商与承包商评估和控制等。

（7）应急预案与响应。企业应制定并保持处理意外事故和紧急情况的程序。程序的制定应考虑在异常、事故发生和紧急情况下的事件，尤其是火灾、爆炸、毒物泄漏等重大事故，并规定如何预防事故的发生、事故发生时如何响应。对于这类程序，应定期检验、评审和修订。

同时，企业应对每一个重大危险设施做出现场应急计划。应急计划的内容包括以下几方面：

① 可能的事故性质、后果。

② 与外部机构（消防部门、医院等）的联系。

③ 报警、联络步骤。

④ 应急指挥者、参与者的责任和义务。

⑤ 应急指挥中心的地点、组织机构。

⑥ 应急措施等。

5. 检查与纠正措施

检查与纠正措施阶段包括以下几方面：绩效测量和监测；事故、事件、不符合、纠正和预防措施；记录和记录的管理；审核。

（1）绩效测量和监测。绩效测量和监测是职业安全健康管理体系的关键活动，它确保企业按照其所阐述的管理方案的实施与运行开展工作：一是对企业从事的活动进行监测；二是对监测结果进行评价。

绩效测量和监测的方法包括以下几方面：

① 作业场所安全检查与巡视。

② 设备、设施安全检查与监控。

③ 作业环境监测。

④ 安全行为、管理水平的监测与评估。

⑤ 事故、事件、职业环境监测。

⑥ 产品安全检查。

⑦ 记录检查等。

（2）事故、事件、不符合、纠正和预防措施。当职业安全健康管理体系出现偏差或不符合法律、法规的要求及方针、目标和指标时，要求采取纠正措施，以避免再次发生类似的现象；对于发生的事故，要严格按法律、法规和标准进行调查、处理，做到"四不放过"，即事故原因未查清不放过、当事人和群众没有受到教育不放过、没有制定切实可行的预防措施不放过、事故责任人未受到处理不放过〔依据《国务院关于特大安全事故行政责任追究的规定》（国务院令第 302 号）〕职业安全健康管理体系标准要求建立文件化程序，对不符合的现象要进行处理。

① 查明产生不符合现象的原因。

② 采取纠正和预防措施。

③ 修改原有的程序。

④ 对不符合、纠正和预防措施进行记录。

（3）记录和记录的管理。记录是职业安全健康管理体系中不可缺少的部分。应保存的记录包括事故记录、投诉记录、培训记录、职业健康的监测记录、紧急事件应急措施的记录、不符合情况的纠正记录、内部审核记录、管理评审记录等。记录的管理包括记录的标示、收集、编辑、归档、储存、维护、查阅、保管和处置等。记录应具有可追溯性，清晰可辨；记录的管理应便于查阅，避免损坏、变质和丢失。

（4）审核。企业应建立并保持定期开展职业安全健康管理体系审核的方案和程序。审核方案（包括时间表）应立足企业活动的风险评价结果和以前的审核结果。审核程序应包括审核的范围、频次、方法和对审核人员的能力要求，以及实施审核和报告审核结果的职责与要求。

6. 管理评审

组织的最高管理者应依据预定的时间间隔对职业安全健康管理体系进行评审，以确保体系的持续适宜性、充分性和有效性。管理评审的过程应确保收集到必需的信息，供管理者进行评价。

管理评审的内容包括以下几方面：

（1）内部审核报告。

（2）方针、目标、计划（方案）及其实施情况。

（3）事故调查、处理情况。

（4）不符合、纠正和预防措施的落实情况。

（5）相关方的投诉、建议及要求。

（6）实施管理体系的资源（人、财、物）是否适宜。

（7）体系要素及相应文件是否修订。

（8）对体系符合性、有效性的评价等。

7.3.2 职业安全健康管理体系要素之间的联系

职业安全健康管理体系包含实现不同管理功能的要素，每一个要素都有其独立的管理作用。组织实施职业安全健康管理体系的目的是，辨识组织内部存在的危险危害因素，控制其所带来的风险，从而避免或减少事故的发生。风险控制主要通过两个步骤来实现：一是对于组织不可接受的风险，通过目标、管理方案的实施来降低；二是所有需要采取控制措施的风险都要通过体系运行使其得到控制。职业安全健康风险能否按要求得到有效控制，还需要通过不断的绩效测量和监测。因此，职业安全健康管理体系标准中的危害辨识、风险评价和风险控制的策划，目标，职业安全健康管理方案，运行控制，绩效测量和监测等要素成为职业安全健康管理体系的一条主线，其他要素围绕这条主线展开，起到支撑、指导、控制的作用。

危害辨识、风险评价和风险控制是职业安全健康管理体系的管理核心；职业安全健康管理体系具有实现遵守法律、法规要求的承诺的功能；职业安全健康管理体系的监控系统对体系的运行具有保障作用；明确组织机构与职责后对风险评价和风险控制进行策划是实施职业安全健康管理体系的必要前提；职业安全健康管理体系的其他要素也具备不同的管理作用，各有其功能。

7.4 煤矿企业职业安全健康管理体系

煤矿企业生产系统是一个复杂的多因素、多变量、多层次的人—机—环境系统，而管理是其中最重要的一个环节，如果管理不力，人—机—环境系统就会出现不协调问题，就有可能发生事故。我国传统的煤矿企业管理往往是"经验型"和"事后型"的管理，过分注重经验，习惯于事后总结和补救。但是，现代化的煤矿安全管理采用先进的科学管理方法，现在推行的职业安全健康管理的显著特征是系统化管理，它是煤矿本质安全的重要手段，也是煤矿生产与发展的必然趋势。

7.4.1 煤矿企业职业安全健康管理体系的基本要求、原则及主要步骤

职业安全健康管理体系是煤矿企业管理体系的一部分，应满足煤矿企业管理的总体方针、目标和原则，体现煤矿生产的特点。充分利用煤矿企业资源，减少和控制职业安全健康的危害，降低职业安全健康风险，实现保护员工及其他人员的安全健康的目标。

1. 煤矿企业职业安全健康管理体系的基本要求

应根据企业的生产特点，确定职业安全健康管理体系的范围。煤矿企业可根据自身的情况和条件，灵活、合理地确定职业安全健康管理体系的范围。

（1）可选择整个煤矿企业，也可选择一个或几个独立的矿井系统。

（2）职业安全健康管理体系范围的界定，不应将企业总体运行所必需的或可能对员工

和其他相关方的职业安全健康产生影响的运行或活动排除在外。应特别注意那些可能导致重大事故发生的场所和环境，如具有煤与瓦斯突出的煤层、具有突水危险的区域等。

职业安全健康管理体系应与企业的生产特点相适应，职业安全健康管理体系的复杂程度、文件化的范围和相应的资源，取决于煤矿企业的矿井生产能力、开采深度、煤层瓦斯含量、煤层厚度及其自燃危险性、矿井涌水量、煤层顶板和底板岩石的性质、煤层的赋存状况等，尤其应考虑可能导致重大事故发生的作业和活动。

煤矿企业建立的职业安全健康管理体系应遵守法律、法规的要求，减少和控制职业安全健康危害，降低职业安全健康风险。尤其要控制重大危害，如煤与（或）瓦斯突出、煤尘或瓦斯爆炸、煤炭自燃发火、火灾、片帮冒顶、突水与透水、冲击地压、粉尘等；重点放在保护员工的安全健康上，并使之成为全面管理的一部分。

适应煤矿行业的风险特点，建立并保持职业安全健康管理体系，必须考虑煤矿生产的风险特点。这些特点包括以下几方面：

（1）生产空间狭小。煤矿井下生产活动一般是在狭小受限的空间中进行的。在采掘作业、运输作业或其他活动过程中都可能存在砸、扎、磕、碰、刺等危险因素。

（2）容易发生重大事故。由于在煤矿生产过程中存在大量的高能量积聚场所和设施、设备，作业人员集中，一旦能量失控，容易发生重大人身伤亡和重大财产损失事故。这些事故可能是以下几种：瓦斯爆炸事故；煤尘爆炸事故；火灾事故；突水或透水事故；片帮冒顶等地压灾害事故；中毒、窒息事故；机电事故；其他事故。

（3）受强制通风影响。矿井必须采用强制通风，以保证井下作业人员的新鲜空气供给。一旦通风系统出现故障，不能保证井下空气的供给，可导致窒息事故、瓦斯积聚，甚至瓦斯爆炸事故。因此，应特别注意确保通风系统正常工作。

（4）事故救援困难。由于矿井生产的特殊性，一旦发生事故，受灾人员的逃生和救护人员的进入等都会受到空间与场所的限制，使得应急救援十分困难，并容易发生连续性事故。

（5）正常生产需要完善的生产系统。煤矿的生产和辅助系统一般包括以下几方面：采掘系统；通风系统；瓦斯防治系统；防灭火系统；防治水系统；粉尘防治系统；提升运输系统；气压缩系统；电气系统；炸药存储和运输系统；救护系统；通风安全监控系统。

2. 煤矿企业职业安全健康管理体系的原则及主要步骤

煤矿企业建立职业安全健康管理体系时应做好策划，逐步实施。例如，确立建立职业安全健康管理体系的依据、范围和目的，要达到的目标，机构职责和分工等。落实体系推进工作的牵头部门，任命管理者代表，在此基础上，建立初始评审、体系文件编写、内审员等各工作小组。

煤矿企业建立和实施职业安全健康管理体系可参考如下步骤：学习培训、初始评审、体系策划、文件编写、体系试运行和评审完善。除考虑建立职业安全健康管理体系的步骤以外，还要考虑主要内容、有关部门的职责及时间表等。

（1）学习培训。在企业建立和实施职业安全健康管理体系，需要企业所有人员的参与和支持。建立和实施职业安全健康管理体系，既是实现系统化、规范化的职业安全健康管理的过程，也是企业所有员工树立"以人为本"的理念、贯彻"安全第一、预防为主、综合治理"方针的过程。因此，需要以不同的形式，通过学习培训，所有员工能够接受职业安全健康管理体系的管理模式，理解实施职业安全健康管理体系对企业和个人的意义。

① 管理层培训是重要的。培训的目的是统一思想，在职业安全健康管理体系的建立和实施中给予有力的支持。培训的内容主要是职业安全健康管理体系的基本要求、主要内容和特点，特别应注重对企业的发展和对员工安全健康的责任方面。

② 内审员培训是职业安全健康管理体系建立和实施的关键。应根据专业的需要，通过培训，确保他们具备开展初始评审、编写体系文件和进行内部审核等实际工作的能力。

③ 全体员工培训的目的是使他们了解职业安全健康管理体系，在今后的工作中能够主动积极地参与到职业安全健康管理体系建立和实施的工作中。

（2）初始评审。初始评审的目的是为职业安全健康管理体系的建立和实施提供基础，为职业安全健康管理体系的持续改进建立绩效基准。

煤矿企业应根据实际情况，通过实施初始评审，对现有职业安全健康管理体系及相关管理制度进行评价。初始评审应针对以下具体内容：收集相关的法律、法规及其他要求，确认其适用性，对遵守情况进行调查和评价，特别是针对煤矿生产及安全的法律、法规和标准；对现有的或计划的作业活动进行危害辨识和风险评价；确定现有措施或计划采取的措施是否能消除危害或控制风险；对所有现行的职业安全健康管理的惯例、过程和程序进行检查，评价其有效性和适用性；分析以往的井下事故情况及员工健康监护数据等相关资料，包括人员伤亡、职业病、财产损失、防护记录等；对现行组织机构、资源配备和职责分工等进行评价。

根据煤矿生产的性质，适合于初始评审的方法包括安全检查表、面谈、直接检查和测量等，以及对以往管理体系审核或其他评审结果的分析。

初始评审工作应由安全员、瓦斯检测员、爆破员、重要设备设施管理人员等专职人员进行，应明确初始评审人员的职责和协调部门，必要时，与员工及其代表进行协商和交流。明确开展上述各项工作用到的方法和步骤，编制各种初始评审表格。初始评审的结果应形成文件，并作为建立职业安全健康管理体系的基础。

为实现职业安全健康管理体系绩效的持续改进，煤矿企业应参照初始评审的方法和要求定期进行评审。

（3）体系策划。根据初始评审的结果和本企业的资源，进行职业安全健康管理体系的策划。策划工作主要包括以下几方面：确立职业安全健康方针；制定职业安全健康管理目标及其管理方案；结合职业安全健康管理体系的要求进行职能分配和机构职责分工；确定职业安全健康管理体系的文件结构和各层次文件清单；为建立和实施职业安全健康管理体系准备必要的资源。

（4）文件编写。对职业安全健康管理体系中的职业安全健康方针、策划、实施与运行、检查与纠正措施、管理评审等要素的相应规定，按照本企业的特点形成文件，使煤矿企业对各类职业安全健康危害的控制形成规范化的管理。

（5）体系试运行。各部门和所有人员都按照职业安全健康管理体系的要求，进行生产活动和安全健康管理活动，开始职业安全健康管理体系试运行，检验体系策划与文件的充分性、有效性和适宜性。

（6）评审完善。通过对职业安全健康管理体系的绩效测量和监测、审核和管理评审，检查与确认职业安全健康管理体系各要素是否按照计划安排有效地运行，对职业安全健康管理体系运行是否达到了预期的目标进行综合检查和评估，对产生的事故、事件、不符合采取纠正和预防措施，使职业安全健康管理体系进一步得到完善。

7.4.2　煤矿企业职业安全健康管理体系的实施

1. 职业安全健康方针与承诺

职业安全健康方针规定煤矿企业职业安全健康工作的方向和原则，确定煤矿企业职业安全健康责任及绩效总目标，以及在职业安全健康管理方面的承诺，并为下一步职业安全健康管理体系目标的策划提供指导。

职业安全健康方针的制定与管理如下：可由管理者代表或其他企业高层管理人员组织制定，经全体员工讨论确定；应由煤矿企业的主要负责人批准实施；应传达到全体员工，可为相关方所获取；要形成文件，付诸实施，予以保持；要定期进行评审、修订，确保其对煤矿企业职业安全健康的适宜性。如果对职业安全健康方针进行修订，应及时与员工和相关方进行交流。

制定职业安全健康方针应考虑的因素包括以下几方面：煤矿企业适用的职业安全健康法律、法规及其他要求；煤矿企业的职业安全健康风险、活动性质及规模；企业过去和现在的职业安全健康绩效；持续改进的可能性和必要性；所需要的资源，包括人力、物力、财力、技术等，特别注意可能导致重大事故发生的作业和活动所需要的资源，如矿井通风、排水、瓦斯排放等方面所需的资源；员工及其代表、承包方和其他外来人员的意见和建议；其他相关方的需求。

职业安全健康方针的要求包括以下几方面：职业安全健康方针应与煤矿企业的整个经营方针和其他管理方针相一致；遵守现行适用的煤矿职业安全健康法律、法规及其他要求的承诺，并将履行这种承诺；本企业危害辨识、风险评价和风险控制的核心内容在职业安全健康方针中得到体现，同时适合本企业职业安全健康风险的性质和规模；对持续改进和事故预防、保护员工安全健康的承诺；确保与员工及其代表进行协商，并鼓励他们积极参与职业安全健康管理体系所有要素的活动。

职业安全健康管理是企业负责人的责任与义务，包括达到法律、法规对职业安全健康的要求。企业负责人应表明其对职业安全健康活动的有力领导，并做出承诺，对建立职业安全健康管理体系做出妥善安排。职业安全健康管理体系应包括职业安全健康方针、策划、实施与运行、检查与纠正措施等主要要素。承诺具体包括以下几方面：企业负责人和各高层管理人员的领导与承诺；支持与承诺相关的活动及要求；考虑必要的资源，包括人力、物力、各组织机构等，如建立职业安全健康管理机构并赋予管理人员和职工相应的权利与义务，指定人员监督职业安全健康方案的正常实施，并给予适当的权力和资源；制定机构与行动方案来支持最高管理者的工作，如财政预算、定期管理评审、职业安全健康管理会议日程；建立制度要求企业负责人或最高管理者定期讨论职业安全健康问题。

2. 组织

（1）机构与职责。为有效地实施职业安全健康管理，需要对各相关层次机构的作用、职责和权限进行界定，形成文件，予以传达，以便顺利地完成职业安全健康任务。如可行，煤矿企业应建立职业安全健康管理委员会（简称安委会），安委会主任由企业的最高管理者担任。安委会是企业安全管理的决策机构，其主要职责如下：负责贯彻落实职业安全健康法律、法规及其他要求；审定企业的职业安全健康方针、目标和管理方案，并监督职能部门和基层单位的实施；研究重大事故隐患治理方案，审定上报的重大技术措施项目，确保安全生产所需的投入；研究部署阶段性的事故防范重点；定期召开安委会会议，听取职能部门的工作汇报，研究解决职业安全健康管理体系运行中存在的重大问题；建立职业安全健康管理年度目标和日常管理的激励制度，定期对下级职能部门及基层单位的安全健康管理工作进行检查；研究决定有关安全健康工作的重大问题。

企业在建立职业安全健康管理体系的过程中，应结合现行管理的实际，画出组织机构图，制定职能分配表，以全面落实本单位需要遵守的职业安全健康法律、法规和职业安全健康管理体系的要求。

（2）能力和培训。为确保各级人员能顺利地完成工作，贯彻"安全第一、预防为主、综合治理"的方针，使员工树立"以人为本"的管理理念，确保他们能够意识到自身作业环境中存在的危险和可能遭受的伤害，具备胜任其承担任务的能力。煤矿企业应对各岗位人员进行认真选拔，对其技能和能力进行评估，确认其技能和意识。培训管理程序应包括的要点如下：有关部门开展培训工作的职责；培训需求的确定（煤矿是高风险行业，应优先考虑工人数量较大的、事故发生可能性较大或高危险作业和场所的人员培训，其他包括新员工培训、在岗人员再培训、检查员培训、高层管理人员培训、职业安全健康专业人员培训、来访人员培训、承包方培训、临时工培训、供应商培训等不同层次人员的培训需求）；培训计划的制订；培训的实施；培训的考核与评价；培训记录。

（3）管理体系文件。煤矿企业应根据其规模及活动性质，建立并保持职业安全健康管理体系文件，煤矿企业的文件及信息系统中的详细资料是为了支持职业安全健康管理体系和职业安全健康活动。

职业安全健康管理体系文件应包括职业安全健康管理体系中17个要素全部要求的描述，可结合企业的实际情况，确定合理、有效的文件结构，并确定体系中一般应包括的主要文件。例如，企业的职业安全健康方针和目标；为实施职业安全健康管理体系所确定的关键岗位与职责；重大职业安全健康危害、重大危险清单以及相应预防和控制措施；职业安全健康管理体系框架内的管理方案、程序、作业指导书和其他内部文件。

（4）协商和交流。员工参与是职业安全健康管理体系的关键要素之一。企业应保证员工及其职业安全健康代表有时间和资源来积极参与职业安全健康管理体系的组织、计划、实施、评价和改进等活动。应根据国家相关法律、法规的要求，建立安委会，选定职业安全健康代表，使其履行相应的职责。建立协商和交流机制，鼓励员工参与职业安全健康实践，为实现职业安全健康方针和目标提供支持。

企业应确保与员工及其职业安全健康代表进行协商和交流，并对他们进行职业安全健康知识和技能（包括与其工作有关的应急预案）的培训。煤矿企业应做出文件化的安排，促进其就有关职业安全健康信息与员工及其他相关方（如承包方人员、访问者）进行协商和交流。协商和交流的内容包括以下几方面：参与制定职业安全健康方针；参与目标的制定及评审；参与自身相关的危害辨识、风险评价和风险控制措施计划的制订；参加各种宣传、教育和培训活动，并鼓励他们直接参与这些活动的策划过程；参与对作业场所内影响职业安全健康的有关变更进行的协商。

3. 计划与实施

（1）危害辨识、风险评价和风险控制的策划。煤矿企业的主要负责人和各部门应定期和在必要时组织危害辨识、风险评价和风险控制，识别与生产经营活动有关的危害，以为各项决策提供基础，为持续改进职业安全健康管理绩效提供衡量基准。

① 危害辨识、风险评价和风险控制的基本步骤。基本步骤如下：划分作业活动；辨识危害；确定风险；确定风险是否可承受；制订风险控制措施计划；评审措施计划的充分性。

② 危害辨识、风险评价和风险控制的管理程序。煤矿企业应建立并保持实施危害辨识、风险评价和风险控制的管理程序，程序中应明确以下内容：各部门开展危害辨识、风险评价和风险控制策划的作用、职责和权限；开展危害辨识、风险评价的工作程序；开展危害辨识、风险评价前的准备工作；危害辨识的过程、方法及要求；风险评价的范围和方法；风险分级的准则及不可承受风险的判定准则；如何进行风险控制策划；对风险评价结果的定期评审；当出现活动变更、技术改造、管理变更或其他变化时，危害辨识和风险评价的要求及说明。

③ 开展危害辨识、风险评价和风险控制时应考虑因素。这包括以下几方面：适用的法律、法规及其他要求；煤矿企业制定的职业安全健康方针；事故、事件和不符合记录；职业安全健康管理体系审核结果；员工及其职业安全健康代表、安委会参与职业安全健康协商、评审和改进活动的信息；与其他相关方的交流信息；煤炭行业较好的安全健康工作实践、典型危害类型、已发生的事故和事件的信息；本企业的设施、工艺过程和活动的信息。

④ 危害辨识、风险评价方法的选择。在不同的作业场所，危害的特性及风险的大小是不同的，煤矿企业选择合适的危害辨识和风险评价方法是实现风险控制的关键。

对于作业活动较简单、风险水平较低的场所，可以采用较为简单的危害辨识、风险评价方法，包括安全检查表、访谈、工作任务分析法、对以往监测结果（可以是作业环境、设备或人等）及以往事故进行统计分析等方法。对于高风险或复杂的作业环境及设备设施，在进行危害辨识和风险评价时，应采用系统的危害辨识、风险评价方法。

常见的危害辨识、风险评价方法有安全检查表、故障类型影响分析法、矩阵法、作业条件危险性评价法、事故树等。无论哪种危害辨识、风险评价方法，都有其适用范围和应用对象，企业在进行危害辨识与风险评价时，应选择以一种合适的风险评价方法为主，辅之以其他的评价方法，以起到相互补充和印证的作用。

⑤ 危害辨识、风险评价的实施。危害辨识、风险评价工作可在咨询机构的帮助下完成，也可在企业内挑选适当人员来进行。在实施危害辨识、风险评价之前，应由专业人员进行指导和培训，制定开展危害辨识、风险评价的程序和指南。应尽可能由一些熟悉本企业生产工艺、设备管理、安全管理和风险评价的人员组成评价小组。制定本企业危险辨识、风险评价实施的指南是确保危害辨识、风险评价工作质量的重要环节。在实施指南的过程中，应指出危害辨识、风险评价的方法、工作步骤、实例和风险分级的准则等。评价小组应充分吸纳现场员工参与，对规模较大、风险较高的活动或场所，评价活动可以班组为单位进行。

⑥ 危害辨识、风险评价和风险控制的评审。应按预定的或由管理者确定的时间或周期对危害辨识、风险评价和风险控制过程进行评审。评审期限取决于以下几点：危害的性质、风险的大小、正常运行的变化，以及井下瓦斯、地质条件、岩或煤成分、作业环境等的改变。如果由于煤矿企业的客观状况发生变化，对现有评价的有效性产生疑义，则应进行评审，并在发生变化前采取适当的预防性措施。这种变化可能包括新用工制度、新工艺、新操作程序、新组织机构或新采购合同等煤矿企业内部发生的变化，如投产新采区、改变通风系统或更换主要通风机、初次揭露煤层、采用新的采煤或掘进工艺等；国家法律、法规的修订，机构的兼并和重组，职责的调整，职业安全健康知识和技术的新发展等外部因素引起的煤矿企业变化。应确保在各项变更实施之前，通知所有相关人员并对其进行相应的培训。

（2）法律、法规及其他要求。煤矿企业应获取适用的法律、法规及其他要求，建立获取这类信息的有效渠道。跟踪法律、法规及其他要求的变化，定期进行更新。建立并保持与其活动有关所有法律、法规及其他要求的目录或法规库，并将这些信息传达给有关人员，使所有员工提高法律意识。应建立并保持职业安全健康法律、法规及其他要求的管理程序。

（3）职业安全健康目标、指标及其管理方案。为确保实现职业安全健康方针中的各项承诺，应设立职业安全健康目标，目标是职业安全健康管理体系持续改进、提供绩效评价的依据。煤矿企业应根据其自身的职业安全健康风险，法律、法规要求和持续改进的承诺，制定职业安全健康目标，职业安全健康目标应形成文件。

（4）运行控制。建立并保持程序，通过对作业活动及过程中所存在的职业安全健康风险进行文件化的管理，对职业安全健康要求的日常管理实现职业安全健康风险的有效防范和控制，实现职业安全健康方针和目标，遵守法律、法规及其他要求。煤矿企业应对与所识别的风险有关的、需要采取控制措施的运行和活动，建立文件化的控制程序，定期评审控制程序的适用性和有效性，并在必要时进行修改。运行控制应针对煤矿企业的职业安全健康风险以及职业安全健康方针和目标的要求，控制危害，防止煤矿事故的发生。应结合企业管理的有关规定，建立文件化的管理程序，在程序中规定运行标准，确保危险作业活动在受控条件下进行。

（5）应急预案与响应。煤矿企业由于其生产的特点和复杂性，在生产过程中容易发生很多突发性事件和紧急情况，如井下瓦斯爆炸、火灾等群死群伤事故。因此，为了最大限度地减少事故损失，限制其后果严重性和影响范围，应制定可靠的防范措施和应急预案管理程序。主动评价煤矿潜在的事故和应急响应需求，制订相应的应急计划、应急处理的程序和方式，检验预期的响应效果，改善其有效性。

国家有关法律、法规中已明确规定，煤矿应建立应急组织，指定相应的应急救援人员，要求煤矿建立应急预案，并为事故应急救援准备必要的资源。这包括制订应急计划，提供适当的应急设备、人员、材料等资源，定期演练，以检验其响应能力。煤矿企业需要制定应急预案和应急计划的紧急情况一般包括以下几种：重大瓦斯事故；重大地质灾害事故；重大水灾事故；重大火灾（包括自燃发火）事故；重大机电事故；重大煤尘事故。

4. 评价

（1）绩效测量和监测。确定反映煤矿企业整体职业安全健康绩效的关键绩效参数，这些参数（但不仅限于此）应能够表明以下内容：职业安全健康方针和目标是否正在得到实现；风险控制措施是否得到实施和有效；是否已从职业安全健康管理体系的失败案例，包括各类危害性事件（如事故、事件和疾病）中吸取教训；员工及相关方的培训与协商和交流计划是否有效；用于评审和改进职业安全健康管理体系状况的信息是否已获取并得到使用。

（2）事故、事件、不符合调查处理。通过建立有效的程序，对事故、事件、不符合进行调查、分析和报告，识别和消除此类情况发生的根本原因，防止其再次发生，并通过程序的实施，发现、分析和消除不符合的潜在原因。煤矿企业应制定文件化的程序，以确保对事故、事件和不符合进行调查，并评审这些措施的有效性。

（3）审核。评审职业安全健康管理体系的有效性。一般来说，对职业安全健康管理体系审核时，应考虑职业安全健康方针、程序及作业场所的条件和作业规程。煤矿企业应制定一个内部的职业安全健康管理体系审核方案，评审自身的职业安全健康管理体系的符合性，确定与职业安全健康程序的符合程度，评价是否能有效地实现其职业安全健康目标。职业安全健康管理体系审核应由煤矿企业内部的员工和（或）由其挑选的外部人员执行，无论他们来自煤矿企业内部机构还是外部机构，均应保持公正和客观的工作态度。

扫描二维码，可查阅《煤矿企业职业安全健康管理体系实施指南》。

（4）管理评审。评价职业安全健康管理体系是否充分实施并适用于实现煤矿企业所确定的职业安全健康方针和目标。在管理评审中，不仅应考虑职业安全健康方针是否仍然适用，还应考虑为达到持续改进和满足未来需要的目的，应更新现有的职业安全健康目标，以及职业安全健康管理体系的要素是否需要调整等问题。

5. 持续改进

针对职业安全健康方针和目标，建立职业安全健康管理方案，将职业安全健康管理和要求、技术措施等融入煤矿企业的日常管理中，不断改进职业安全健康管理体系及其职业安全健康绩效，从而不断消除或控制各类职业安全健康危害，降低职业安全健康风险，实施持续改进。

本 章 小 结

【职业安全健康管理体系】

❖ 职业安全健康管理体系的发展概况

- ✓ 叙述职业安全健康管理体系的产生
- ✓ 描述职业安全健康管理体系的发展

❖ 职业安全健康管理体系的原理、适用范围及特点

- ✓ 描述职业安全健康管理体系的原理
- ✓ 叙述职业安全健康管理体系的适用范围
- ✓ 阐述职业安全健康管理体系的特点

❖ 职业安全健康管理体系的要素

- ✓ 描述职业安全健康管理体系的基本要素
- ✓ 分析职业安全健康管理体系要素之间的联系

❖ 煤矿企业职业安全健康管理体系

- ✓ 描述煤矿企业职业安全健康管理体系的基本要求、原则及主要步骤
- ✓ 阐述煤矿企业职业安全健康管理体系的实施

自 测 题

一、选择题

7-1 危害辨识的范围不包括（ ）。

A. 常规和非常规的活动　　　　B. 所有进入工作场所的人员的活动

C. 工作场所的设施　　　　D. 承包方在其自身工作场所的活动

7-2 职业安全健康管理体系的最终职责由（ ）承担。

A. 管理者代表　　　　B. 最高管理者

C. 安全处处长　　　　D. 内审员

7-3 职业安全健康管理体系的策划工作包括（ ）、职业安全健康目标。

A. 危害辨识　　B. 教育培训　　C. 文件控制　　D. 绩效测量

7-4 以下要素中，可不建立和保持程序的是 (　　)。

    A. 法律、法规及其他要求　　　　　B. 培训、意识和能力

    C. 绩效测量和监测　　　　　　　　D. 管理评审

7-5 对职业安全健康管理方案，应 (　　)。

    A. 定期批准　　　B. 定期检查　　　C. 定期评审　　　D. 定期实施

二、判断题

7-6 危害辨识、风险评价和确定控制措施要求建立程序，风险评价的结果要求形成文件。　　　　　　　　　　　　　　　　　　　　　　　　　　　　　(　　)

7-7 组织的职业安全健康管理者代表应是最高管理层中的一员。　　　(　　)

7-8 职业安全健康管理体系中用于职业安全健康绩效测量和监测的设备应进行校准与维护。　　　　　　　　　　　　　　　　　　　　　　　　　　　　　(　　)

三、名词解释

7-9 职业安全健康管理体系

7-10 管理评审

四、简答题

7-11 建立与实施职业安全健康管理体系的作用有哪些？

7-12 简述 PDCA 循环。

五、论述题

7-13 职业安全健康管理体系包括哪几方面要素？简单分析各要素之间的联系。

第8章 事故统计与事故调查

导 言

　　事故的统计分析是安全管理学研究的重要内容，它通过对大量的事故资料与数据进行加工、整理和综合分析，运用数理统计的方法研究事故发生的规律和分布特征。事故调查是掌握整个事故发生的过程、原因、人员伤亡及经济损失情况的重要工作。对煤炭行业进行科学的统计分析的目的就是要掌握煤矿安全事故所处的状态，评估煤矿安全状况，采取相关的安全管理措施，避免更多、更大煤矿安全事故的发生。通过对规律的研究，剖析煤矿生产过程中的不利因素，明确煤矿安全事故频发的本质原因，减少这些不利因素，从而实现减少安全事故的目的。

　　本章将要学习事故统计与事故调查。科学、准确的统计分析结果能够描述一个部门、企业当前的安全状况，能够用来判断和确定问题的范围，能够作为观察事故发生趋势、确定事故的原因、制定事故预防治施、预测未来事故等依据。事故统计分析对做好安全管理和安全生产有十分重要的作用。通过调查，可掌握事故发生的基本事实，以便在此基础上进行正常的事故原因和责任分析，对事故责任者提出恰当的处理意见，对事故预防提出合理的防范措施，使人们从中深刻地吸取教训，并促使企业在安全管理上进一步完善。

　　本章在内容安排上，首先介绍事故的分类、统计方法及主要指标，事故经济损失统计、事故的原因分析；然后介绍事故调查的准备工作、事故调查处理、事故调查报告等。学习这些内容对于实际工作中更好地发挥安全管理的作用具有很好的实用价值。

学习目标

认知目标

1. 叙述事故的分类。
2. 阐述事故统计方法和主要指标。
3. 叙述伤亡事故经济损失统计。
4. 阐述事故的原因分析。
5. 叙述事故调查的准备工作。
6. 描述事故调查处理与事故调查报告。

技能目标

　　运用事故的分类、统计方法及主要指标，进行数据加工整理，进而综合分析研究事故发生的规律和分布特征。

情感目标

对煤矿安全管理的相关知识产生兴趣，相信自己能够利用事故统计与事故调查，为煤矿安全管理提供有力的技术支撑。

8.1 事故的分类、统计方法及主要指标

8.1.1 事故的分类

人类在生产、生活、生存的实践活动中创造大量物质财富和精神财富的同时，事故也随之而来，给人们的生命和财产带来了重大损失。作为安全科学的研究对象，事故主要是指那些可能带来人员伤亡、物质损失或环境污染的意外事件。为了对事故进行科学的研究，探索事故的发生规律和预防措施，需要对事故进行分类。事故按不同的标准有不同的分类。

1. 按事故中人的伤亡情况分类

在以人为中心考查事故结果时，可以把事故分为伤亡事故和一般事故。

（1）伤亡事故。伤亡事故是指造成人身伤害或急性中毒的事故。其中，在生产区域中发生的和生产有关的伤亡事故称为工伤事故。工伤事故包括工作意外事故和职业病所致的伤残及死亡。

（2）一般事故。一般事故是指人身没有受到伤害或受伤轻微，或没有形成人员生理功能障碍的事故。通常把没有造成人员伤亡的事故称为无伤害事故或未遂事故，也就是说，未遂事故的发生原因及其发生、发展过程与某个会造成严重后果的特定事故是完全相同的，只是由于某个偶然因素，没有造成该类严重后果。

2. 按事故类别分类

《企业职工伤亡事故分类》（GB 6441—86）综合考虑起因物、引起事故发生的诱导性原因、致害物、伤害方式等，将事故类别分为20类，如表8-1所示。

表8-1 根据《企业职工伤亡事故分类》（GB 6441—86）的事故分类

序号	事故类别名称	序号	事故类别名称
1	物体打击	11	冒顶片帮
2	车辆伤害	12	透水
3	机械伤害	13	放炮
4	起重伤害	14	火药爆炸
5	触电	15	瓦斯爆炸
6	淹溺	16	锅炉爆炸
7	灼烫	17	容器爆炸
8	火灾	18	其他爆炸
9	高处坠落	19	中毒和窒息
10	坍塌	20	其他伤害

扫描二维码，可查阅《企业职工伤亡事故分类》（GB 6441—86）。

3. 按造成的人员伤亡或者直接经济损失分类

为了研究事故发生的原因，便于对伤亡事故进行统计分析和调查处理，国务院《生产安全事故报告和调查处理条例》（国务院令第493号）将事故按造成的人员伤亡或者直接经济损失分为以下四类：

（1）特别重大事故。特别重大事故是指造成30人以上死亡，或者100人以上重伤（包括急性工业中毒，下同），或者1亿元以上直接经济损失的事故。

（2）重大事故。重大事故是指造成10人以上30人以下死亡，或者50人以上100人以下重伤，或者5 000万元以上1亿元以下直接经济损失的事故。

（3）较大事故。较大事故是指造成3人以上10人以下死亡，或者10人以上50人以下重伤，或者1 000万元以上5 000万元以下直接经济损失的事故。

（4）一般事故。一般事故是指造成3人以下死亡，或者10人以下重伤，或者1 000万元以下直接经济损失的事故。

4. 按是否由事故的原因引起分类

按是否由事故的原因引起，可以将事故分为一次事故和二次事故。

（1）一次事故。一次事故是指由人的不安全行为或物的不安全状态引起的事故。

（2）二次事故。二次事故是指在事故发生后，由于事故本身产生其他危害，引起事故范围进一步扩大的事故。二次事故的特点如下：

① 二次事故往往比一次事故的危害更大。

② 二次事故形成的时间短，往往难以控制。

因此，必须正确认识二次事故的危害性，采取相应的管理和技术措施，避免二次事故的发生，或者使损失降至最低。

5. 按事故是否与工作有关分类

按事故是否与工作有关，可将事故分为工作事故和非工作事故。

（1）工作事故。工作事故是指员工在工作过程中或在从事与工作有关的活动中发生的事故。

（2）非工作事故。非工作事故是指员工在非工作环境，如旅游、娱乐、体育及家庭生活等方面的活动中发生的人身伤害事故。虽然这类事故不在工伤范围之内，但是它引起的员工缺工对于企业的劳动生产率是有很大影响的，因为失去关键岗位的员工所需的再培训对于企业的损失将会更大。对于这类事故，一个最值得关注的因素就是员工在企业安全管理制度的约束下，有较好的安全意识，但在非工作环境中，他们会产生某种"放纵"，加上对某些环境的不熟悉、操作不熟练，这些都成为滋生事故的"土壤"。

8.1.2　事故统计方法

事故统计方法通常可以分为描述统计和推断统计两类，如图8-1所示。

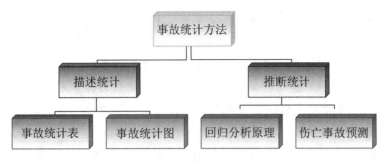

图 8 – 1 事故统计方法的分类

1. 描述统计

描述统计主要是指在获得数据之后，通过分组、有关图表等对现象加以描述。常用的伤亡事故统计图主要有柱状图、伤亡事故发生趋势图、伤亡事故管理图、饼状图、扇形图、玫瑰图和分布图等。

（1）柱状图。柱状图以柱状图形来表示各统计指标的数值大小。由于它容易绘制、清晰醒目，所以应用十分广泛。

在进行伤亡事故统计分析时，有时需要把各种因素的重要程度直观地表现出来。这时，可以利用排列图（或称为主次因素排列图）来实现。

（2）伤亡事故发生趋势图。伤亡事故发生趋势图是一种折线图。它用不间断的折线来表示各统计指标的数值大小和变化，最适合用于表现事故发生与时间的关系。

（3）伤亡事故管理图。伤亡事故管理图也称为伤亡事故控制图。为了预防伤亡事故的发生，降低伤亡事故发生频率，企业、部门广泛开展安全目标管理。伤亡事故管理图是实施安全目标管理过程中，为及时掌握事故发生情况而经常使用的一种统计图。

在实施安全目标管理时，把作为年度安全目标的伤亡事故指标逐月分解，确定月管理目标。

学习活动 1 煤矿事故统计

[活动目标]

　利用事故统计方法，绘制伤亡事故发生趋势图。

[活动时间]

　约 30 分钟。

[活动步骤]

　1. 阅读文字教材中"8.1.2　事故统计方法"的内容，找出描述统计的关键语句，在其下面画线。

2. 登录 IP 课件（三分屏），进入事故统计与事故调查的讲解部分，熟悉事故分类的相关内容。

3. 明确事故分类统计分析的目的，收集相关的事故数据。

4. 事故统计方法中的描述统计是在获得数据之后进行的，常用的伤亡事故统计图主要有柱状图、伤亡事故发生趋势图、伤亡事故管理图、饼状图、扇形图、玫瑰图和分布图等。各种事故统计图都有其优缺点，不同的统计图描述不同的信息。

5. 以全国年度煤矿事故死亡人数为统计对象，收集 2008—2013 年煤矿安全事故的死亡人数（如表 8 - 2 所示），绘制伤亡事故发生趋势图。

表 8 - 2　2008—2013 年煤矿安全事故的死亡人数

年　　度	2008	2009	2010	2011	2012	2013
死亡人数/人	759	676	604	469	435	322

[反馈]

　　伤亡事故发生趋势图用于显示事故发生的趋势，它按照时间顺序对事故发生情况进行统计分析，按照时间顺序对比不同时期的伤亡事故统计指标，展示伤亡事故发生的趋势，评价某一时期内企业的安全状况。

一般来说，一个单位的职工人数在短时间内是稳定的，因此，往往以伤亡事故次数作为安全管理的目标值。

在正常情况下，各月的实际伤亡事故次数应该在管理上限之内围绕安全目标值随机波动。当伤亡事故管理图上出现如图 8 - 2 所示的情况之一时，就应该认为安全状况发生了变化，不能实现预定的安全目标，需要查明原因并及时改正。

在一定时期内，一个单位伤亡事故次数的概率分布服从泊松分布，并假设泊松分布的数学期望和方差都是 λ，这里 λ 是事故发生率，即单位时间内的伤亡事故次数。若以 λ 作为每个月伤亡事故次数的目标值，当置信度取 90% 时，按下述公式确定安全目标管理的上限 U 和下限 L：

$$U = \lambda + 2\sqrt{\lambda}$$
$$L = \lambda - 2\sqrt{\lambda}$$

在实际安全工作中，人们最关心的是实际伤亡事故次数的平均值是否超过安全目标。因此，往往不必考虑管理下限而只注重管理上限，力争每个月内伤亡事故次数不超过管理上限。

绘制伤亡事故管理图时，以月份为横坐标、伤亡事故次数为纵坐标，用实线画出管理目标线，用虚线画出管理上限和管理下限，并注明数值和符号，如图 8 - 2 所示。把每个月的实际伤亡事故次数在图中相应的位置上描点，并将代表各月伤亡事故次数的点连成折线，根据数据点的分布情况和折线的总体走向，可以判断当前的安全状况。

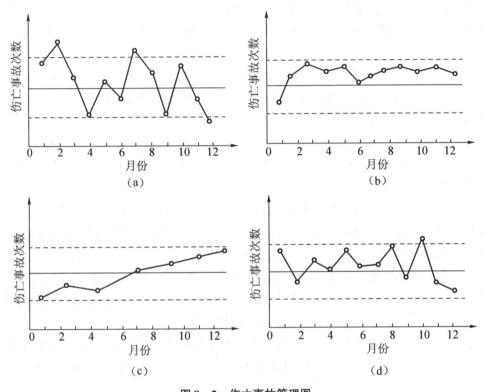

图8-2　伤亡事故管理图

（a）个别数据点超出管理上限；（b）连续数据点在目标值以上；

（c）多个数据点连续上升；（d）大多数数据点在目标值以上

（4）饼状图。事故饼状图是一种表示事故构成的平面图，可以形象地反映事故发生的原因、种类、地点等在所发生的事故中所占的百分比。例如，某省20年来瓦斯事故发生地点的饼状图如图8-3所示。

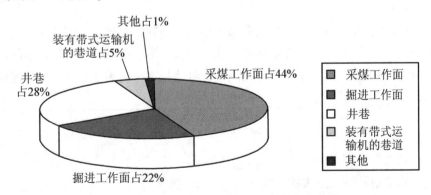

图8-3　某省20年来瓦斯事故发生地点的饼状图

（5）其他统计图。除上述统计图以外，还有扇形图、玫瑰图和分布图等。

① 扇形图。扇形图又称为圆形结构图，是用一个圆形中各个扇形面积的不同大小来代表各种事故因素、事故类别、统计指标所占的比例。

② 玫瑰图。玫瑰图利用圆的角度表示事故发生的时序，用径向尺度表示事故发生的频数。

③ 分布图。分布图把曾经发生事故的地点用符号在厂区、车间的平面图上表示出来，不同的事故用不同的颜色和符号表示，符号的大小代表事故的严重程度。

2. 推断统计

推断统计是指通过抽样调查等非全面调查，在获得样本数据的基础上，以概率论和数理统计为依据，对总体情况进行科学推断。通过建立回归模型对现象的依存关系进行模拟，对未来的情况进行预测。

预测是人们对客观事物发生变化的一种认识和估计。通过预测，可以对事物在未来发生的可能性及发生趋势做出判断和估计，提前采取恰当的措施，避免人员伤亡，减少事故损失，防止事故的发生。

事故发生可能性预测是根据以往的事故经验对某种特定的事故（如坍塌、火灾、爆炸等）能否发生、发生的可能性如何进行预测；而事故发生趋势预测主要依据关于事故发生情况的统计资料，对未来的事故发生趋势进行预测。

在宏观安全管理中，往往利用伤亡事故发生趋势预测方法寻找安全管理目标的参考值。在伤亡事故发生趋势预测方法中，回归预测法简单易行，具有一定的准确度，因而被广泛应用。

8.1.3 事故统计的主要指标

为了便于统计、分析和评价企业、部门的伤亡事故发生情况，需要规定一些通用的、统一的统计指标。在 1948 年 8 月召开的国际劳工组织会议上，确定了以伤亡事故频率和事故严重率为伤亡事故统计指标。

1. 伤亡事故频率

在生产过程中，伤亡事故的发生次数与参加生产的职工人数、经历的时间及企业的安全状况等因素有关。一定时间内，在参加生产的职工人数不变的场合下，伤亡事故的发生次数主要取决于企业的安全状况。于是，可以用伤亡事故频率作为表征企业安全状况的指标。其计算公式为

$$\alpha = \frac{A}{N \cdot T}$$

式中：α——伤亡事故频率；

A——伤亡事故的发生次数，次；

N——参加生产的职工人数，人；

T——统计期间。

《企业职工伤亡事故分类》（GB 6441—86）对伤亡事故统计指标的规定如图 8 – 4 所示。

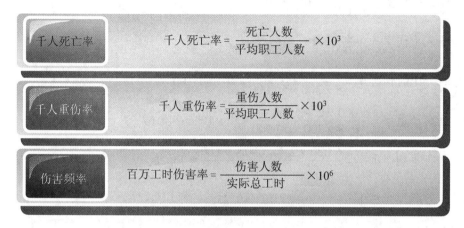

图 8 – 4　伤亡事故统计指标的计算方法

2. 事故严重率

《企业职工伤亡事故分类》（GB 6441—86）规定，根据伤害严重率，伤害平均严重率，按产品、产量计算的死亡率等指标计算事故严重率。其计算方法如图 8 – 5 所示。

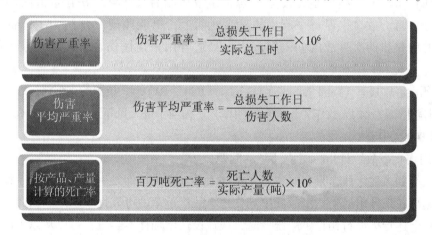

图 8 – 5　事故严重率的计算方法

《企业职工伤亡事故分类》（GB 6441—86）中规定了工伤事故损失工作日的算法，其中规定死亡或永久性全失能伤害的损失工作日为 6 000 个工作日。

【例 8 – 1】某矿 2013 年有在籍职工 50 000 人，年产煤炭 800 万吨。该年度内因工伤事故死亡 2 人、重伤 3 人、轻伤 120 人。根据《企业职工伤亡事故分类》（GB 6441—86）计算，因重伤损失工作日累计为 8 000 日，轻伤损失工作日累计为 9 600 日。计算千人死亡率、千人重伤率、百万工时伤害率、伤害严重率、伤害平均严重率、百万吨煤死亡率（每人每年工作 300 天，每天工作 8 小时）。

解：

（1）千人死亡率 $= \dfrac{2}{50\ 000} \times 10^3 = 0.04$

（2）千人重伤率 $= \dfrac{3}{50\ 000} \times 10^3 = 0.06$

（3）百万工时伤害率 $= \dfrac{2+3+120}{8 \times 300 \times 50\ 000} \times 10^6 = 1.041\ 7$

（4）伤害严重率 $= \dfrac{6\ 000 \times 2 + 8\ 000 + 9\ 600}{8 \times 300 \times 50\ 000} \times 10^6 = 246.67$

（5）伤害平均严重率 $= \dfrac{6\ 000 \times 2 + 8\ 000 + 9\ 600}{125} = 236.8$

（6）百万吨煤死亡率 $= \dfrac{2}{800 \times 10^4} \times 10^6 = 0.25$

3. 其他统计指标

（1）无伤亡事故时间。在实际安全管理工作中，往往用无伤亡事故时间作为统计指标，描述一个单位的安全状况。这是因为在伤亡事故发生频率较低（如数年发生一起事故的场合）时，采用伤亡事故发生频率来描述安全状况比较困难。从指导安全工作的角度，计算伤亡事故发生频率是在发生了若干次事故以后。计算无伤亡事故时间则使安全管理人员把注意力放在推迟每一起事故发生时间上，更能体现"预防为主"的原则。无伤亡事故时间是指两次事故的间隔时间。它最适合用来描述伤亡事故发生频率低的单位的安全状况。

（2）死亡事故频率（Fatal Accident Frequency Rate，FAFB）。英国的克莱兹（T. A. Kletz）以每 10^8 工时发生事故死亡人数作为死亡事故频率，它相当于每人每年工作 300 天，每天工作 8 小时，每年 4 000 人中有 1 人死亡。

4. 应用伤亡事故统计指标时应注意的问题

根据伯努利大数定律，只有样本容量足够大时，随机事件发生的频率才趋于稳定。观测的数据量越少，统计出的伤亡事故频率和伤亡事故严重率的可靠性就越差。因此，在实际工作中，利用上述指标进行伤亡事故统计时，应该设法增加样本容量，可以从以下两方面采取措施：

（1）延长统计的时间。在职工人数较少的单位，可以通过适当延长观测时间来增加样本容量。一般认为，统计的基础数字如果低于 20 万小时，则每年统计的事故频率将有明显波动，往往很难据此做出正确判断；当总工时数达到 100 万小时时，可以得到较稳定的结果，在这种情况下才能得出较为正确的结论。

（2）扩大统计的范围。为了扩大样本容量，美国、日本等国的一些安全专家主张扩大伤亡事故的统计范围。以往的伤亡事故统计只包括造成歇工一个工作日以上的事故，他们建议，应该把歇工不到一个工作日的事故也包括进去。美国劳工统计局颁布的职业安全与健康标准（BLS—OSHA）规定，损失工作日不只计算损失的日历日数，而且把人员因受伤被调配到临时岗位的事故，以及受伤人员虽然能够在其本身的岗位上工作，但是不能发挥全部效率或不能全天工作的情况，也作为"须记录的事故"。

采取这样的措施后，由于统计的伤害事故数增加了，相应的伤亡事故频率也增加了，在同样统计基础数的情况下，统计结果的可靠性也就提高了。

国外也有人主张把极其轻微的伤害事故和差一点儿受伤的事故包括在统计范围之内，一些研究人员开始把注意力转向统计调查最终会导致伤亡事故的原因——人的不安全行为和物的不安全状态，相应地提出了一些统计指标。目前，收集这些资料的方法还处于实验研究阶段，有待于进一步研究解决。

8.2　伤亡事故经济损失统计

事故一旦发生，往往就会造成人员伤亡或设备、装置、构筑物等被破坏，一方面给企业带来许多不良的社会影响；另一方面也给企业带来巨大的经济损失。在伤亡事故的调查处理中，仅仅注重人员的伤亡情况、事故经过、原因分析、责任人处理、人员教育、措施制定等是完全不够的，还必须对事故经济损失进行统计。

伤亡事故的经济损失是安全经济学的核心问题。对伤亡事故的经济损失进行统计、计算，有助于了解事故的严重程度和安全经济规律。除此之外，为了避免或减少工业事故的发生及其造成的社会、经济损失，企业必须采取一些切实可行的安全措施，以提高系统的安全性。但是，采取安全措施需要花费人力和物力，即需要一定的安全投入。在按照某种安全措施方案进行安全投入的情况下，能够取得怎样的效益，该安全措施方案是否经济、合理，这是安全经济评价的主要内容。而伤亡事故经济损失的统计、计算是安全经济评价的基础。

事故造成的物质破坏带来的经济损失很容易计算出来，而弄清楚人员伤亡带来的经济损失是一件十分困难的事情。为此，人们进行了大量的研究，寻求一种方便、准确的经济损失计算方法。值得注意的是，所有的伤亡事故经济损失计算方法都是以实际统计资料为基础的。

8.2.1　伤亡事故的直接经济损失与间接经济损失

一起伤亡事故发生后，会给企业带来多方面的经济损失。一般来说，伤亡事故的经济损失包括直接经济损失和间接经济损失两部分。其中，直接经济损失很容易统计出来，而间接经济损失比较隐蔽，不容易直接在财务账面上查到。国内外对伤亡事故的直接经济损失和间接经济损失做了不同规定。

1. 国外对伤亡事故直接经济损失和间接经济损失的划分

在国外，特别是西方国家，事故的赔偿主要由保险公司承担。于是，把由保险公司支付的费用定义为直接经济损失，而把其他由企业承担的经济损失定义为间接经济损失。

（1）海因里希的间接经济损失内容。海因里希认为，伤亡事故的间接经济损失包括以下内容：受伤害者的时间损失；其他人员好奇、同情、救助等引起的时间损失；工长、监督人员和其他管理人员的时间损失；医疗救护人员等不由保险公司支付酬金人员的时间损失；机械设备、工具、材料及其他财产损失；生产受到事故的影响而不能按期交货的罚金等损失；按职工福利制度所支付的经费；受伤害者返回工作岗位后，由于工作能力下降而造成的工作损失，以及照付原工资的损失；事故引起人员心理紧张或情绪低落而诱发其他事故造成的损失；即使受伤害者停工，也要支付的照明、取暖费等每人平均费用的损失。

（2）西蒙兹规定的间接经济损失内容。海因里希提出间接经济损失内容之后，美国的西蒙兹（R. H. Simons）规定，伤亡事故的间接经济损失包含如下项目：非受伤害者由于中止作业而引起的工作损失；修理、拆除被损坏的设备、材料的费用；受伤害者停止工作造成的生产损失；加班劳动的费用；监督人员的工资；受伤害者返回工作岗位后，生产减少造成的损失；补充新工人的教育、训练费用；企业负担的医疗费用；为进行事故调查，付给监督人员和有关工人的费用；其他损失。

2. 我国对伤亡事故直接经济损失和间接经济损失的划分

1987年，我国开始执行《企业职工伤亡事故经济损失统计标准》（GB 6721—86）。该标准把因事故造成人身伤亡及善后处理所支出的费用，以及被毁坏的财产的价值规定为直接经济损失；把因事故导致的产值减少、资源的破坏和受事故影响而造成的其他损失规定为间接经济损失。

（1）伤亡事故的直接经济损失。伤亡事故的直接经济损失包括以下内容：人身伤亡后支出的费用，其中有医疗费用（含护理费用）、丧葬及抚恤费用、补助及救济费用、歇工工资；善后处理费用，其中有处理事故的事物性费用、现场抢救费用、清理现场费用、事故罚款及赔偿费用；财产损失价值，其中有固定资产损失价值、流动资产损失价值。

（2）伤亡事故的间接经济损失。伤亡事故的间接经济损失包括以下内容：停产、减产损失价值；工作损失价值；资源损失价值；处理环境污染的费用；补充新职工的培训费用；其他费用。

3. 伤亡事故直接经济损失与间接经济损失的比例

综上所述，伤亡事故的间接经济损失很难被直接统计出来，于是人们尝试如何由伤亡事故的直接经济损失计算间接经济损失，进而估计伤亡事故的经济损失。

海因里希最早进行了这方面的工作。他通过对 5 000 余起伤亡事故的经济损失进行统计分析，得出直接经济损失与间接经济损失的比例为 1∶4 的结论，即伤亡事故的经济损失为直接经济损失的 5 倍。这一结论至今仍被国际劳工组织所采用，将其作为估算各国伤亡事故经济损失的依据。

继海因里希的研究之后，许多国家的学者探讨了这一问题。由于国内外对伤亡事故直接经济损失和间接经济损失的划分不同，所以直接经济损失与间接经济损失的比例也不同。在我国规定的直接经济损失项目中，包含了一些在国外属于间接经济损失的内容。一般来说，我国伤亡事故直接经济损失所占的比例比国外大。根据对少数企业伤亡事故经济损失资料的统计，直接经济损失与间接经济损失的比例为 1∶1.2 ~ 1∶2。

8.2.2　伤亡事故经济损失的计算方法

伤亡事故的经济损失可由直接经济损失与间接经济损失之和求出，即

$$C_T = C_D + C_I$$

式中：C_T——经济损失；

　　　C_D——直接经济损失；

　　　C_I——间接经济损失。

由于间接经济损失的许多项目很难得到准确的统计结果，所以人们必须探索一种实际可行的伤亡事故经济损失的计算方法。下面介绍几种比较典型的计算方法。

1. 我国现行标准规定的计算方法

根据《企业职工伤亡事故经济损失统计标准》（GB 6721—86），伤亡事故经济损失的计算方法如下：

$$E = E_d + E_i$$

式中：E——经济损失，万元；

　　　E_d——直接经济损失，万元；

　　　E_i——间接经济损失，万元。

2. 海因里希算法

海因里希通过对事故资料的统计分析，得出伤亡事故的间接经济损失是直接经济损失的 4 倍的结论。他进一步提出了伤亡事故经济损失的计算公式为

$$C_T = C_D + C_I = 5C_D$$

于是，只要知道了直接经济损失，就很容易算出经济损失。如前所述，当不同国家、不同地区、不同企业，甚至同一企业内的事故严重程度不同时，其伤亡事故直接经济损失与间接经济损失的比例是不同的。因此，这种计算方法主要用于宏观地估算一个国家或地区的伤亡事故经济损失。

8.3　事故的原因

根据事故的特性可知，事故的原因和结果之间存在某种规律，所以研究事故时，最重要的是找出事故发生的原因。

事故的原因分为直接原因和间接原因。直接原因是直接导致事故发生的原因，又称为一次原因；间接原因是指使事故的直接原因得以产生和存在的原因。

主要原因是在本次事故的直接原因和间接原因中对事故的发生起主要作用的原因。在判定主要原因时，要注意把管理方面对安全的重视及其效果区别开来。例如，某厂领导、安全科、车间主任等确实做了不少工作，但发生了一起因未穿工作服被车床上正旋转加工的零件卷击致死的事故。经调查，事故发生前，该车间有 1/5～1/4 的人经常不穿工作服，其主要原因显然是管理原因。

在"主要原因"的分类中，包括间接原因和直接原因的主要内容。但这并不是说主要原因的分类是直接原因和间接原因分类的"算术和"。

在一般情况下，根据直接原因确定直接责任者。如果不安全行为是直接原因，则有这种行为的人是直接责任者；如果不安全状态是直接原因，则造成此状态的人是直接责任者。造成间接（管理）原因的人是领导责任者，造成主要原因的人是主要责任者。主要责任者是直接责任者和领导责任者两者之一。

8.3.1　事故的直接原因

大多数学者认为，事故的直接原因只有两个，即人的不安全行为和物的不安全状态。为统计方便，《企业职工伤亡事故分类》（GB 6441—86）对人的不安全行为和物的不安全状态做了详细分类。

在判定直接原因时，有时较难分清主次，要判断人的不安全行为和物的不安全状态与事故发生的关系，然后通过比较，看哪种因素起了主要作用。例如，某矿井因运输炸药方法不安全，现场杂乱，使其某"水平"广有散落的炸药，同时某矿工又违反规定，把吸剩的烟头扔入井内，掉到该水平上，引起火灾、爆炸、炮烟中毒的连续事故。在这种情况下，要从"本质安全"的思想出发，不安全状态是直接原因。

当某次事故中只有人的原因或只有物的原因时，无须比较判断确定事故的直接原因。

据美国有关方面统计，在某年全国休工 8 天以上的事故中，有 96% 的事故与人的不安全行为有关，有 91% 的事故与物的不安全状态有关；在日本某年全国休工 4 天以上的事故中，有 94.5% 的事故与人的不安全行为有关，有 83.5% 的事故与物的不安全状态有关。这些数字表明，大多数事故既与人的不安全行为有关，也与物的不安全状态有关。也就是说，只要控制好其中之一，即人的不安全行为或物的不安全状态中有一个不发生，或者两者不同时发生，就能控制大多数事故，减少不必要的损失。这对于事故的预防与控制是非常重要的，因为控制两者和控制两者之一的代价是完全不一样的。

8.3.2 事故的间接原因

下面介绍几种事故间接原因的分类方法。

1. 日本北川彻三的分类方法

日本学者北川彻三在其《安全工程学基础》一书及其作为编辑委员会委员长的《安全技术手册》中这样分类：

（1）技术原因。

① 建筑物、机械装置设计不良。

② 材料结构不合适。

③ 检修、保养不好。

④ 作业标准不合理。

（2）教育原因。

① 缺乏安全知识（无知）。

② 错误理解安全规程要求（不理解、轻视）。

③ 训练不良习惯、坏习惯。

④ 经验不足、没有经验。

（3）身体原因。

① 疾病（头疼、腹痛、眩晕、癫痫）。

② 残疾（耳聋）。

③ 疲劳（睡眠不足）。

④ 酩酊大醉。

⑤ 体格不合适（身高、性别）。

（4）精神原因。

① 错觉（错感、冲动、忘却）。

② 态度不好（怠慢、不满、反抗）。

③ 精神不安（恐怖、紧张、焦躁、不和睦、心不在焉）。

④ 感觉上的缺陷（反应迟钝）。

⑤ 性格上的缺陷（顽固、心胸狭窄）。

⑥ 智能缺陷（白痴）。

（5）管理原因。

① 领导的责任心不强。

② 安全管理机构不健全。

③ 安全教育制度不完善。

④ 安全标准不明确。

⑤ 检查、保养制度不健全。

⑥ 对策实施迟缓、拖延。

⑦ 人事管理不善。

⑧ 劳动积极性不高。

（6）学校教育原因。

① 义务教育。

② 高等教育。

③ 师资的培养。

④ 职业教育。

⑤ 社会教育。

（7）社会原因。

① 法规。

② 行政。

③ 社会结构。

（8）历史原因。

① 国家、民族特点。

② 产业的发达程度。

③ 社会思想的开化、进步程度。

北川彻三认为，最经常出现的间接原因有技术原因、教育原因及管理原因三种，而身体原因和精神原因在实际中是较少出现的。在（1）~（5）五种间接原因中，管理原因是基础原因，其他四种都与管理原因有关；（6）~（8）可视为其他基础原因。

2. 日本后藤的分类方法

日本的后藤认为，妨害生产的原因也就是造成事故的原因。在他列出的 10 种原因中，主要是管理原因。

（1）不正确的作业方法。

（2）技术熟练者较少。

（3）机械故障多。

（4）缺勤者多。

（5）生产场所的环境脏乱。

（6）各工序间配合差。

（7）监督人员的指导方法不好，不会指导。

（8）作业工程本身就存在问题。

（9）物料放置不好、不合理。

（10）工作任务安排不合理。

学习活动 2　分析事故的原因

[活动目标]

根据事故的发生状况，分析事故的直接原因和间接原因。

[活动时间]

约 30 分钟。

[活动步骤]

1. 阅读文字教材中"8.3　事故的原因"的内容，找出描述事故原因的关键语句，在其下面画线。

2. 登录 IP 课件（三分屏），进入事故原因的讲解部分，熟悉事故原因的相关内容。

3. 明确煤矿容易发生的事故种类，收集相关的煤矿生产数据。

4. 以某一煤矿事故为案例进行分析。

[反馈]

通过统计和分析事故原因就会发现，大多数事故既与人的不安全行为有关，也与物的不安全状态有关。也就是说，只要控制好其中之一，即人的不安全行为或物的不安全状态中有一个不发生，或者两者不同时发生，就能控制大多数事故，减少不必要的损失。

3. 我国的分类方法

《企业职工伤亡事故调查分析规则》（GB 6442—86）规定间接原因如下：

（1）技术和设计上有缺陷，如工业构件、建筑物、机械设备、仪器仪表、工艺过程、操作方法、维修检验等的设计，施工和材料使用存在问题。

（2）教育培训不够，未经培训，缺乏或不懂安全操作技术知识。

（3）劳动组织不合理。

（4）对现场工作缺乏检查或指导错误。

（5）没有安全操作规程或安全操作规程不健全。

（6）没有或不认真实施事故防范措施，对事故隐患整改不力。

（7）其他。

8.4 事故调查

8.4.1 事故调查的准备工作

为了能够及时、有效地进行事故现场的调查工作，调查人员必须做好平时和调查前的准备工作。调查人员应根据现场调查工作的需要，学习有关建筑、化工、电工、燃烧、爆炸等方面的知识，以及现场勘察和物证鉴定的新方法和新成果，以适应不同事故现场勘察的需要。此外，还要努力提高绘图、照相、录像等专业技能。

配备必要的勘察工具，如现场勘察箱、照相器材、录像器材等，要保证仪器及工具处于完好状态，做到经常检查，若发现故障，及时修理或调换；保证车辆和通信联络工具处于完好状态。为了勘察安全，应配备必要的防护用品。调查人员到达事故现场以后，应在统一指挥下抓紧做好以下几项勘察的准备工作：

（1）组织事故调查组。根据《生产安全事故报告和调查处理条例》（国务院令第493号）的规定，按照"政府统一领导，分级负责"原则，依事故的严重程度组织事故调查组，对事故进行调查和分析。事故调查组的组成如图8-6所示。

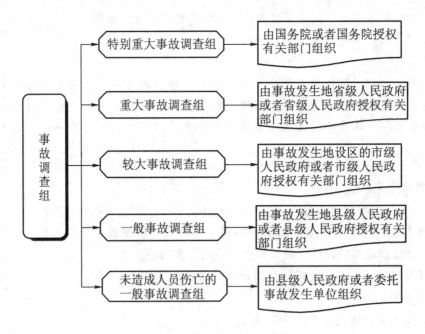

图8-6 事故调查组的组成

（2）现场询问。现场勘察前，应向了解事故现场情况的人了解有关事故和现场的情况，为进行现场勘察提供可靠线索。若有疑难问题，如危险化学药品泄漏、复杂事故等方面的问题，可直接邀请有关专家。应了解的情况如下：

① 可能的事故初始事件、事故源。

② 事故发生、发展的过程。

③ 现场有什么危险情况，如高压电源线落地、建筑物有倒塌危险等。

④ 索取建筑物原来的工程图、设备目录、说明书等。

⑤ 了解事故现场保护情况、发生事故时的气象情况。

（3）准备勘察器材。常用的勘察器材有勘察箱、照相器材、绘图器材、清理工具、提取痕迹物证的仪器和工具、检验仪器等。

（4）排除险情。排除事故现场可能对调查人员造成人身危害的潜在险情，保证现场勘察安全、顺利地进行。

8.4.2　事故调查的原则

事故调查处理应按照实事求是、尊重科学的原则，及时、准确地查清事故的原因，查明事故的性质和责任，总结事故教训，提出整改措施，并对事故责任者提出处理意见。具体原则如下：

（1）事故是可以调查清楚的，这是调查事故最基本的原则。

（2）调查事故应实事求是，以客观事实为根据。

（3）坚持做到"四不放过"的原则，即事故原因未查清不放过、当事人和群众没有受到教育不放过、没有制定切实可行的预防措施不放过、事故责任人未受到处理不放过。

（4）一方面，事故调查人员要有调查的经验或某一方面的专长；另一方面，事故调查人员不应与事故有直接利害关系。

8.4.3　事故调查的基本步骤

有了充分的准备，可以说，事故调查工作就有了一个好的开始，为事故调查过程奠定了良好的基础。事故调查的基本步骤如图 8 - 7 所示，一般包括现场处理、现场勘察、人证问询、物证收集与保护、现场照相和现场图与表格绘制等主要工作。由于这些工作的时间性极强，有些信息和证据是随时间的推移而逐步消亡的，有些信息则有着极大的不可重复性，因而对于事故调查人员来讲，实施调查过程的速度和准确性显得更为重要。只有把握住每一个调查环节的中心工作，才能使事故调查过程进展顺利。

1. 现场处理

（1）危险分析。现场危险分析工作主要有观察现场全貌，分析是否有进一步危害产生的可能性及可能的控制措施；计划调查的实施过程；确定行动次序及考虑与有关人员合作；控制围观者及指挥志愿者；等等。

（2）现场营救。最先赶到事故现场的人员的主要工作就是尽可能地营救幸存者和保护财产。

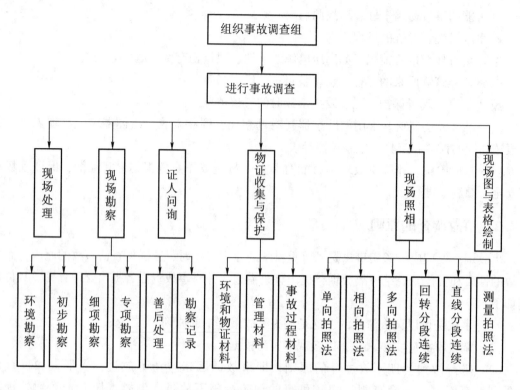

图 8-7 事故调查的基本步骤

（3）二次事故。在现场危险分析的基础上，应对现场可能产生的进一步伤害和破坏采取及时的行动，使二次事故造成的损失尽可能小。

（4）保护现场。完成了抢险、抢救任务，保护了生命和财产之后，现场处理的主要工作就转移到保护现场方面。这时，事故调查人员将成为主角，并应承担起主要的责任。

2. 现场勘察

现场勘察的主要目的是查明当事各方在事故之前和事故发生之时的情节、过程及造成的后果。通过对现场痕迹、物证的收集和检验分析，可以判明发生事故的主、客观原因，为正确处理事故提供客观依据，因而全面、细致地勘察现场是获取现场证据的关键。事故现场勘察工作是一种信息处理技术。由于其主要关注四方面的信息，即人（People）、部件（Part）、位置（Position）和文件（Paper），故简称 4P 技术。

3. 证人问询

在事故调查中，证人的问询工作相当重要。大约 50% 的事故信息是由证人提供的，而事故信息中大约有 50% 能够起作用，另外 50% 事故信息的效果则取决于调查者怎样评价分析和利用它们。

4. 物证收集与保护

物证收集与保护是现场调查的一项重要工作，前面提到的 4P 技术中 3P[部件（Part）、位置（Position）和文件（Paper）］属于物证的范畴。保护现场工作的主要目的也是保护物证。几乎每个物证在加以分析后都能用以确定其与事故的关系，而在有些情况下，确认某物与事故无关也一样非常重要。

5. 现场照相

现场照相的主要目的是获取和固定证据，为事故分析和处理提供可视性证据。

8.4.4 事故调查的方法

1. 事故树分析方法

事故树分析方法（Fault Tree Analysis，FTA）是对既定的生产系统或作业活动中可能出现的事故条件及可能导致的灾害后果，按工艺流程、先后次序和因果关系绘制程序方框图，表示导致灾害、伤害事故的各种因素之间的逻辑关系。它由输入符号或关系符号组成，用以分析系统的安全问题或运行功能问题，为判明灾害、伤害的途径和事故因素之间的关系，以及事故分析提供了一种最形象、最简捷的表达形式。事故树分析方法的程序如下：

（1）熟悉系统，绘制工艺流程图或布置图。

（2）分析相关的事故案例，从而设想可能发生的事故。

（3）确定顶事件。

（4）确定目标值。

（5）调查原因事件，调查与事故有关的所有原因事件和各种因素。

（6）画出事故树图。

（7）分析，按事故树的结构进行简化，确定各基本事件的结构重要度。

（8）确定事故发生的概率，确定所有基本事件发生的概率，标在事故树上，进而求出顶事件发生的概率。

2. 故障类型和影响分析方法

故障类型和影响分析方法（Fault Mode Effect Analysis，FMEA）是美国在 20 世纪 50 年代为分析确定飞机发动机故障而开发的一种方法，它在许多国家的核电站、石油化工、机械、电子、电气仪表等工业中都有广泛的应用，它是系统安全工程中重要的分析方法之一，是一种系统故障的事前考察技术。故障类型和影响分析方法是按照预定的程序和分析表进行的，步骤如下：

（1）明确分析的对象及范围，并分析系统的功能、特性及运行条件，按照功能划分为若干子系统，找出各子系统的功能、结构与动作上的相互关系，收集有关资料。

（2）确定分析的基本要求；逐个分析易发生故障的零部件；对关键部分要深入分析，对次要部分可简捷分析；要有可靠的检测方法和处理措施。

（3）详细说明要分析的系统。

（4）分析故障的类型及影响，通过对系统功能框图中所列全部项目进行分析，判明系统中所有实际可能出现的故障类型。为使所有的故障类型不会产生遗漏，应按照故障类型及影响分析表逐项填写。

3. 变更分析方法

该技术方法的重点在于变更。为了完成事故调查，查找原因，调查人员必须寻找与标准、规范相背离的东西，调查有关预期变更所导致的所有问题。对每一项变更进行分析，以便确定其发生的原因。这种技术方法应遵循以下步骤：

（1）确定问题，即发生了什么。

（2）确立相关标准、规范。

（3）辨明发生了什么变更、变更的位置及对变更的描述，即发生了什么变更、是什么时间发生的及变更的程度如何。

（4）辩明影响变更的因素具体化的描述和不影响变更的因素描述。

（5）辨明变更的特点、特征及具体情况。

（6）对发生变更的可能原因做详细的列表。

（7）从小选择最可能的变更原因。

（8）找出相关变更带来的危险因素的防范措施。

8.4.5 事故处理与调查报告

伤亡事故发生后，应按照"四不放过"的原则进行调查处理。对于事故责任者的处理，应坚持思想教育从严、行政处理从宽的原则。但是，对于情节特别恶劣、后果特别严重及构成犯罪的责任者，要坚决依法惩处。

事故调查报告是事故调查分析研究成果的文字归纳和总结，其结论对事故处理及事故预防都有非常重要的作用。因此，调查报告的撰写一定要在掌握大量实际调查材料并对其进行研究的基础上完成。

事故资料归档是伤亡事故处理的最后一个环节。事故档案是记载事故的发生、调查、登记及处理全过程的全部文字材料的总和。在一般情况下，事故处理结案后，应归档的事故资料如下：职工伤亡事故登记表；职工死亡、重伤事故调查报告书及批复；现场调查记录、工程图和照片；技术鉴定和试验报告；物证、人证材料；直接经济损失和间接经济损失材料；事故责任者的自述材料；医疗部门对伤亡人员的诊断书；发生事故时的工艺条件、操作情况和设计资料；处分决定和受处分人员的检查材料；有关事故的通报、简报及文件。

┌─ **本 章 小 结** ─┐

【事故统计与事故调查】

❖ 事故的分类、统计方法及主要指标

✓ 描述事故的分类
✓ 描述事故统计方法
✓ 描述事故统计的主要指标

	伤亡事故经济损失统计

- ✔ 描述伤亡事故直接经济损失统计
- ✔ 阐述伤亡事故间接经济损失统计

❖ 事故的原因

- ✔ 叙述煤矿事故的原因
- ✔ 阐述事故的直接原因
- ✔ 描述事故的间接原因

❖ 事故调查

- ✔ 叙述事故调查的准备工作
- ✔ 阐述事故调查的基本步骤
- ✔ 描述事故的处理方法与调查报告的编写

自　测　题

一、选择题

8-1　伤亡事故频率 $\alpha = \dfrac{A}{N \cdot T}$ 中的 N 是指（　　）。

A. 平均职工人数　　　　　　　　　B. 参加生产的职工人数

C. 伤害人数　　　　　　　　　　　D. 在册职工人数

8-2　较大事故是指造成（　　）死亡，或者10人以上50人以下重伤，或者1 000万元以上5 000万元以下直接经济损失的事故。

A. 1人以上2人以下　　　　　　　　B. 3人以上10人以下

C. 9人以上30人以下　　　　　　　 D. 30人以上50人以下

8-3　下列选项中，不属于事故直接原因的有（　　）。

A. 物的不安全状态方面的原因　　　B. 人的不安全行为方面的原因

C. 技术和设计上有缺陷　　　　　　D. 人员违章作业

8-4　如图8-8所示的事故统计图的名称是（　　）。

A. 伤亡事故发生趋势图　　　　　　B. 柱状图

C. 事故频数分布图　　　　　　　　D. 伤亡事故管理图

8-5　人们违背自然或客观规律，违反法律、法规、规章和标准等行为造成的事故属于（　　）。

A. 自然灾害　　　　　　　　　　　B. 责任事故

C. 伤亡事故　　　　　　　　　　　D. 意外事件

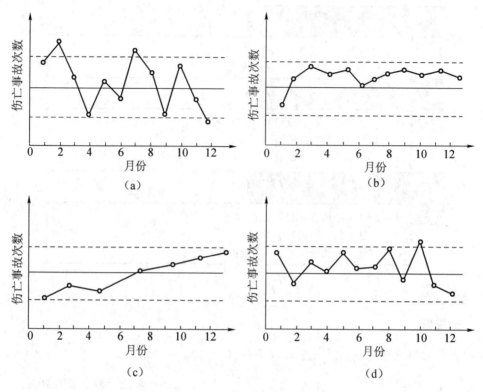

图 8 – 8　第 8 – 4 小题图

二、判断题

8 – 6　安全管理问题是最主要的事故间接原因。　　　　　　　　　　　　（　　）

8 – 7　特别重大事故必须由国务院组织事故调查组进行调查。　　　　　　（　　）

8 – 8　二次事故是指由外部事件或事故引发的事故。　　　　　　　　　　（　　）

三、名词解释

8 – 9　事故

8 – 10　一般事故

四、简答题

8 – 11　事故调查的目的是什么？

8 – 12　事故调查工作对安全管理的重要性有
哪些？

五、论述题

8 – 13　图 8 – 9 反映的是什么现象？并论述
安全与效益的关系。

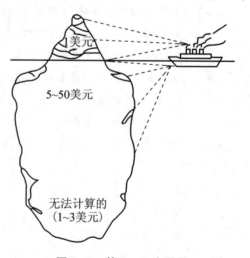

图 8 – 9　第 8 – 13 小题图

第9章 事故预防与控制

导 言

安全是人类生存与发展活动中永恒的主题，也是当今乃至未来人类社会重点关注的主要问题之一。随着科学技术的飞速发展，安全问题变得越来越复杂、越来越多样化。

本章将学习事故预防与控制。事故预防是通过采用工程技术、教育和管理等手段，使事故发生的可能性尽可能小。事故控制是通过采用工程技术、教育和管理等手段，使事故发生后不造成严重后果或使损害尽可能减小。

通过人类长期的安全活动实践，以及安全科学与事故理论的研究和发展，人们已经清楚地认识到，要有效地预防生产与生活中的事故、保障人类的安全生产和安全生活，人类有三大安全对策：一是安全工程技术对策，这是技术系统本质安全的重要手段；二是安全教育对策，这是人的安全素质的重要保障措施；三是安全管理对策，这一对策既涉及物的因素，也涉及人的因素。

本章在内容安排上，首先介绍事故预防与控制的基本概念、基本原则，然后在此基础上重点讨论常用事故预防与控制的方法。学习这些内容对于实际工作中控制事故发生和减少事故损失，进而制定煤矿安全技术和管理具体措施具有一定的实用价值。

学习目标

认知目标

1. 叙述事故预防与控制的含义和基本原则。
2. 阐述安全技术对策措施。
3. 叙述安全教育对策的内容。
4. 列举安全强制管理对策的内容。
5. 分析保险与事故预防的关系。

技能目标

1. 根据不同的情况，制定预防事故发生的措施。
2. 结合安全教育的意义、形式、方法及内容，制订企业全年培训计划。
3. 编制安全检查表。

情感目标

对煤矿安全管理的相关知识产生兴趣，相信自己能够选择恰当的措施与方法来预防和控制事故，为煤矿安全管理提供有力的技术支撑。

9.1　事故预防与控制的基本概念

事故预防是通过采用工程技术、教育和管理等手段，使事故发生的可能性尽可能小；事故控制是通过采用工程技术、教育和管理等手段，使事故发生后不造成严重后果或使损害尽可能减小。例如，火灾的预防与控制，通过规章制度的建立和完善，或者采用不可燃、不易燃的材料，可以预防火灾的发生；采用火灾报警装置、喷淋装置、阻燃装置、应急疏散措施等，可以控制火灾发生的后果，减小火灾造成的损失。

从安全目标的实现出发，事故预防与控制体现在以下三方面：

（1）消除事故原因，形成"本质安全"系统，即消除危险源、防护和隔离危险源、保留和转移危险源。

（2）降低事故的发生频率。

（3）降低事故的严重程度，减少事故的经济损失。

从采用的手段出发，事故预防与控制以危险源为对象，运用系统工程的原理，对危险进行控制。其技术手段主要有工程技术措施和管理措施，按措施等级，可以分为六种方法，即消除危险、预防危险、减弱危险、隔离危险、危险连锁和危险警告。同时，还可以采用法制手段（政策、法令、规章）、经济手段（奖、罚）和教育手段（长期的、短期的、学校的、社会的）等。

从现代安全管理的观点出发，安全管理不仅要预防与控制事故，而且要为劳动者提供安全的工作环境。由此，事故预防与控制可以从安全技术（Engineering）、安全教育（Education）和安全强制管理（Enforcement）三方面入手。由于无论安全教育还是安全管理，人都是主要参与者，不可避免地存在人的失误，因此，安全技术对策应是安全管理工作的首选。

9.2　安全技术对策

安全技术对策是指采用工程技术手段解决安全问题，预防事故发生，减小事故造成的伤害和损失，它是事故预防与控制的最佳安全措施。安全技术对策涉及系统设计的各个阶段，通过设计来消除和控制各种危险，防止所设计的系统在研制、生产、使用、运输和储存等过程中发生可能导致人员伤亡和设备损坏的各种意外事故。安全技术分为预防事故发生的安全技术、减少和遏制事故损失的安全技术。

9.2.1　预防事故发生的安全技术

根据系统寿命阶段的特点，为满足规定的安全要求，可采用以下几种安全设计方法：

1. 能量控制方法

任何事故影响的程度都是所需能量的直接函数，也就是说，事故发生后果的严重程度与事故中所涉及的能量大小紧密相关。没有能量就没有事故，没有能量就不会产生伤害。能量引起的伤害主要分为以下两类：

第一类：转移到人体的能量超过了局部或全身性损坏阈值而造成伤害。

第二类：局部或全身性能量交换引起伤害。

从能量控制的观点出发，事故的预防与控制实际上就是为了防止能量或危险物质的意外释放，防止人体与过量的能量或危险物质接触。常用的能量控制方法包括以下几种：

（1）限制能量。

（2）用较安全能源代替危险能源。

（3）防止能量积聚，控制、延缓能量释放。

（4）人物屏蔽或隔离。

【例9-1】在煤矿开采过程中，减少爆破作业中的装药量；用水力采煤代替爆破采煤；保证矿井通风，防止瓦斯积聚等措施各属于哪种能量控制方法？

答：减少爆破作业中的装药量属于限制能量，装药量越大，产生的能量越多，危险越大；用水力采煤代替爆破采煤属于用较安全能源代替危险能源；保证矿井通风，防止瓦斯积聚属于防止能量积聚。

2. 内在安全设计方法

避免事故发生的有效方法是消除危险或将危险限制在没有危害的程度范围内，使系统达到本质安全。内在安全技术是指不依靠外部附加的安全装置和设备，只依靠自身的安全设计，即使发生故障或错误操作，设备和系统仍能保证安全。在内在安全系统中，可以认为不存在导致事故发生的危险状况，任何差错，甚至一个人为差错也不会导致事故发生。

在内在安全设计中，要达到绝对的安全是很难的，但可以通过设计，使系统发生事故的风险降至最低，或将风险降低到可接受的水平。常用的方法有以下两种：

（1）通过设计消除风险。

（2）降低危险严重性。例如，对电钻引起的致命电击，可以采用低电压蓄电池作为动力，消除电击的危险。

3. 隔离方法

隔离是物理分离的方法，用隔挡板和栅栏等将已确定的危险同人员和设备隔离，以防止危险发生或将危险降到最低，同时控制危险的影响。隔离技术常用在以下几方面：

（1）隔离不相容材料。

（2）限制失控能量释放的影响。例如，在炸药的爆炸试验中，为了防止爆炸产生的冲击波对人或周围物体造成伤害和影响，当药量较大时，一般在坚固的爆炸塔中进行爆炸试验；当药量较小时，可放置在具有一定强度的密封的爆炸罐内进行试验。

（3）防止有毒、有害物质或放射源、噪声等对人体的危害。例如，隔离振动和高噪声的机械装置所采用的振动固定机构、屏蔽、消音器等。

（4）隔离危险的工业设备。

（5）时间上的隔离。例如，限定有害工种的工作时间，防止工作人员受到储量有毒、有害物质的危害，保障工作人员的安全。

4. 闭锁、锁定和连锁

闭锁、锁定和连锁的功能是防止不相容事件的发生，防止事件在错误的时间发生或以错误的顺序发生。

（1）闭锁。闭锁防止某事件发生，防止人物进入危险区域。

（2）锁定。锁定保持某事件或状态，避免人物脱离安全区域。

（3）连锁。连锁保证在特定的情况下某事件不发生。

【例9-2】在意外情况下，为了降低事件B意外出现的可能性，它要求操作人员在执行事件B之前，先执行事件A。请问这属于哪种功能？

答：连锁既可用于直接防止错误操作或错误动作，又可通过输出信号，间接地防止错误操作或错误动作。例如，限制电门、信号编码、运动连锁、位置连锁、顺序控制等。上述情况属于连锁功能。

5. 故障-安全设计

当系统、设备的一部分发生故障或失效时，在一定时间内能够保证整个系统或设备安全的技术性设计称为故障-安全设计。故障-安全设计确保一部分发生故障不会影响整个系统或使整个系统处于可能导致伤害或损伤的工作模式。其设计的基本原则是，首先保护人员安全；其次保护环境，避免污染；再次防止设备损伤；最后防止设备降低等级使用或功能丧失。

按照系统、设备发生故障后所处的状态，故障-安全设计可分为三种类型（如表9-1所示）。

表9-1 故障-安全设计的类型

类 型	特 点
故障-安全消极设计	当系统发生故障时，能够使系统停止工作，并将其能量降到最低值，直至系统采取纠正措施，不会由于导致不工作的危险而产生更大的损伤
故障-安全积极设计	故障发生后，在系统采取纠正或补偿措施，或启动备用系统前，保持系统以一种安全的形式带有正常的能量，直至采取措施，以消除事故发生的可能性
故障-安全可工作设计	保证在采取纠正措施前，设备、系统能正常地发挥其功能。它是故障-安全设计中最可取的类型

【例9-3】锅炉的缺水补水设计，即使阀瓣从阀杆上脱落，也能保证锅炉正常进水，保证安全运行。这属于哪种设计？

答：这属于故障-安全可工作设计。其特点是保证在采取纠正措施前，设备、系统能正常地发挥其功能。它是故障-安全设计中最可取的类型。

6. 故障最小化设计

采用故障-安全设计可使故障不会导致事故，但在有些情况下，这样的设计并不总是最佳选择。故障-安全设计可能会频繁地中断系统的运行，当系统需要连续运行时，这种设计对系统的运行是相当不利的。因此,在故障－安全设计不可行的情况下,故障最小化可作为设计的主要方法。故障最小化设计有以下三种方法:

(1)降低故障率。

(2)监控。

(3)报废和修复。

7. 告警装置

告警用于向危险范围内的人员通告危险、设备问题和其他值得注意的状态,使有关人员采取纠正措施,避免事故的发生。按人的感觉方式,告警可分为视觉告警、听觉告警、嗅觉告警和触觉告警等。

(1)视觉告警。视觉告警是一种通过视觉传递危险信息的告警方式,它包括以下几种方法:

① 亮度。亮度是指使存在危险的地点周围比无危险的区域更明亮,以至于人们能把注意力集中在该危险区域。

② 颜色。在建筑物、移动设备或可能被碰撞的固定物体上涂上鲜明的、易辨别的或亮暗交替的颜色,引起人们的注意,发出告警信息,如表9－2所示。

表9－2 安全色颜色的含义

颜　色	含　义	举　例
红色	禁止、停止、消防和危险	交通禁令标志、消防设备、停止按钮、危险信号旗
黄色	提醒人们注意	各种警告标志和警戒标记
蓝色	要求人们必须遵守的规定	指令标志
绿色	提供允许、安全的信息	交通通行标志、机器启动按钮、安全信号旗

③ 信号灯。指示灯可以是固定的,也可以是移动的;可以连续发光,也可以闪光。不同信号灯的颜色代表不同含义。

④ 旗子和飘带。旗子用于表示危险状态;飘带用于提醒、注意。例如,当仪表插上小旗时,表示该仪表已有故障,不能使用;当汽车超过规定的宽度时,在两边均系有飘带,提醒对面的司机注意。

⑤ 标志。标志是指利用事先规定了含义的符号表示警告危险因素的存在或应采取的措施。例如,指出具有放射性危险的设备及处理方法、道路急转弯处的标志等。

⑥ 标记。在设备上或有危险的地方可以贴上标记,以示警告。

⑦ 符号。常用的符号为固定符号。例如,指出弯道、交叉路口、陡坡、狭窄桥或有毒、有放射源等其他危险的路标。

⑧ 书面告警。书面告警包括操作和维修规程、指令、手册、说明书、细则和安全检查表中的告警及注意事项。

⑨ 告警词语。告警词语是提醒人们注意的一种手段,它应该通俗易懂、醒目,容易引起人们的注意。告警词语要求尽可能标准、规范。例如,"注意"用于需要正确地操作或维修程序,防止设备损坏或人员受伤的告警;"警告"用于需要正确地操作或维修程序,防止

可能的（但非邻近的）危险造成人员伤害的告警；"危险"用于对可能导致人员伤害的危险告警。

扫描二维码，可查阅《安全色》（GB 2893—2008）。

（2）听觉告警。常用的听觉告警有报警器、蜂鸣器、铃、定时声响装置等，有时也用扬声器来传递录下的声音信息，或一个人直接用喊声告警另一个人。

（3）嗅觉告警。当气体分子影响到鼻腔中约 645 平方毫米的微小敏感区域时，人就能闻到气味。

（4）触觉告警。振动感知是触觉告警的主要方法，设备过度振动给人们发出了设备运行不正常并正在向故障发展的告警。

学习活动 1　视觉告警设置

[活动目标]

用视觉告警手段设置警示或指示标志。

[活动时间]

约 30 分钟。

[活动步骤]

1. 阅读文字教材"9.2.1　预防事故发生的安全技术"中告警装置的相关内容，找出描述视觉告警实质的关键语句，在其下面画线。

2. 登录 IP 课件（三分屏），进入事故预防与控制的讲解部分，熟悉视觉告警的方法和应用。

3. 明确警示目的，制定具体的设置方案。

4. 参照矿井开拓开采系统图，选择井底车场位置。在系统图上标示出重要设施和危险场所，并按顺序编号，然后按井下的实际情况确定位置，并做标记。

5. 选择井下中央变电所为主要设置点。

[反馈]

视觉告警设置的要点是，明确视觉告警警示和指示标志的分类，布置要合理，并且必须醒目，能引起人的注意。

9.2.2　减少和遏制事故损失的安全技术

采用了预防事故的安全技术措施，并不等于就完全控制住事故。在实际工作中，只要有危险存在，尽管其可能性很小，就存在导致事故发生的可能性，而且没有任何方法来准确地确定事故将在何时发生。事故发生后，如果没有相应的措施迅速控制局面，则事故的规模和损失可能会进一步扩大，甚至引起连锁反应，造成更大、更严重的后果。因此，必须研究尽量减少可能的伤害和损伤的方法，采取相应的应急措施，减少和遏制事故损失。

1. 实物隔离

隔离除作为一种广泛应用的事故预防方法之外，还常用作减少事故中能量猛烈释放而造成损伤的一种方法，可限制始发的不希望事件的后果对邻近人员的伤害和对设备、设施的损伤。常用的方法有以下三种：

（1）距离。涉及爆炸性物质的物理隔离法，将可能发生事故、释放出大量能量或危险物质的工艺、设备或设施布置在远离人员、建筑物的地方。

（2）偏向装置。采用偏向装置作为危险物与被保护物之间的隔离墙，其作用是把大部分剧烈释放的能量导引到损失最小的方向上。

（3）遏制。遏制技术是控制损伤常用的隔离方法，其主要功能是遏制事故造成更多的危险；遏制事故的影响；为人员提供防护；对材料、物资和设备予以保护。

2. 人员防护装备

人员防护装备由人们穿在身上的外套或戴在身上的器械组成，以防止事故或不利的环境对人的伤害。其应用范围和使用方式很广，可以从一副简单的防噪声耳塞到一套完整地带有生命保障设备的宇航员太空服。

人员防护装备的应用方式主要有以下三种：

（1）用于计划的危险性操作。对于某些操作涉及的环境，危险因素不能根除，但又必须进行相关作业，采用人员防护装备可以防止特定的危险对人员造成伤害。

（2）用于调查和纠正危险操作。为调查研究、探明危险源、采取纠正措施或因其他原因进入极有可能存在危险的区域或环境时，应佩戴相应的人员防护装备。

（3）用于应急情况。应急情况对防护装备的要求最严格。由于意外事故或事件即将发生或已经发生，开始的几分钟可能是事故被控制或导致灾难发生的关键时刻，排除或控制危险、尽量减少危险伤害和损伤的反应时间是极为重要的。因此，为了快速、有效地实施应急计划，人员的防护装置起着至关重要的作用。

【例 9 - 4】下井人员必须佩戴的自救器属于哪种人员防护装备？

答：自救器属于一种用于应急情况的人员防护装备，当井下发生瓦斯爆炸或火灾时，供给人员呼吸。

3. 能量缓冲装置

能量缓冲装置在事故发生后能够吸收部分能量，保护有关人员和设备的安全。例如，座椅安全带、缓冲器和车内衬垫、安全气囊等，可缓解人员在事故发生时所受到的冲击，降低车内人员所受到的伤害。

4. 薄弱环节

薄弱环节是指系统中人为设置的容易发生故障的部分。其作用是使系统中积蓄的部分能量通过薄弱环节得到释放，以小的代价避免严重事故的发生，达到保护人员和设备安全的目的。薄弱环节主要有以下几个：电薄弱环节，如电路中的保险丝；热薄弱环节，如压力锅上的易熔塞；机械薄弱环节，如压力灭火器中的安全隔膜；结构薄弱环节，如主动联轴节上的剪切销。

5. 逃逸和营救

当事故发生到不可控制的程度时，应采取措施逃离事故影响区域，采取自我保护措施并为救援创造一个可行的条件。

逃逸和求生是指人们使用本身携带的资源进行自身救护所做的努力。营救是指其他人员在紧急情况下救护受到危险的人员所做的努力。

逃逸、求生和营救设备对于保障人的生命安全极为重要，但只能作为最后依靠的手段来考虑和应用。当采用安全装置、建立安全规程等方法都不能完全消除某种危险或系统存在发生重大事故的可能性时，应考虑应用逃逸、求生和营救等设备。

9.3 安全教育培训对策

9.3.1 安全教育对策

从事故致因理论中的瑟利模型可以看到，要达到控制事故的目的，首先，通过技术手段，用某种信息交流的方式告知人们危险的存在或发生；其次，要求人们感知到有关信息后，能够正确地理解信息的意义，如能否正确地判断何种危险发生或存在，该危险对人、机或环境会产生何种伤害，是否有必要采取措施，应采取何种应对措施等。而这些有关人对信息的理解、认识和反应的部分均需要通过安全教育的手段来实现。

安全教育是意识的培养，通过各种形式，努力提高人的安全意识和素质，使其学会从安全的角度观察和理解要从事的活动与面临的形势。它贯穿于人的一生，与人们所从事的职业无大的关系。

9.3.2 安全教育的内容

安全教育包括以下四方面内容：

1. 安全思想教育

安全思想教育分为以下三种：

（1）安全意识教育。安全意识是指长期在生产、生活等各项活动中形成的对安全问题的认识程度，它直接影响安全效果。

（2）安全生产方针政策教育。安全生产方针政策教育是指对企业各级领导和广大职工进行有关安全生产方针、政策和制度宣传教育。

（3）安全法纪教育。"一遵二反三落实"，即遵守劳动纪律；反对违章作业、反对违章指挥；落实安全生产责任制、落实预防伤亡事故的各种措施、落实人人为安全做一件好事。

2. 安全技术知识教育

安全技术知识教育分为以下三种：

（1）一般生产技术教育。一般生产技术教育是指对企业基本概况、生产工艺技术流程、相关机器性能和有关知识的培训。

（2）一般安全技术教育。一般安全技术教育是指对企业内主要存在的危险源及其防范技术、有关电气设备的基本安全知识、企业中的消防制度和规范、人员防护与应急等的教育。

（3）专业安全技术知识教育。专业安全技术知识教育是指对从事某一作业的职工须具备的安全技术知识的教育。

3. 典型经验和事故教训教育

先进的典型经验具有现实的指导意义，职工通过学习而受到启发，对照先进，找出差距；将有关的事故作为案例和反面教材，通过分析事故的性质，认清事故的责任，得出事故的教训和整改措施，从而对职工开展教育培训，促进安全生产工作的进一步开展。

4. 现代安全管理知识教育

"安全系统工程""安全人机工程""安全心理学"及"劳动生理学"等知识随着安全管理的深入开展而被广泛应用。这些理论为辨识危害、预防事故发生、提出有效的对策措施提供了系统的理论和方法，并能够设计系统，使其达到最优。

9.3.3　安全教育的类型

按照教育对象的不同，安全教育的类型也不同，可以将安全教育分为管理人员的安全教育和生产岗位职工的安全教育两种类型。

1. 管理人员的安全教育

（1）生产管理人员的安全教育。生产管理人员的安全教育应包括以下内容：

① 国家安全生产方针、政策和有关安全生产的法律、法规、规章及标准。

② 安全生产管理、安全生产技术、职业健康等知识。

③ 伤亡事故统计、报告及职业危害的调查处理方法。

④ 应急管理、应急预案的编制，以及应急处置的内容和要求。

⑤ 国内外先进的安全生产管理经验。

⑥ 典型事故和应急救援案例分析。

⑦ 其他需要培训的内容。

（2）安全卫生管理人员的安全教育。这种安全教育的内容包括国家有关的劳动安全卫生方针政策、法律法规和标准，企业安全生产管理、安全技术、劳动卫生、安全文化、工伤保险等方面的知识，职工伤亡事故和职业病统计报告，以及事故调查处理程序、有关事故案例和事故应急处理措施等。

（3）企业职能部门、车间负责人、专业工程技术人员的安全教育。这种安全教育的内容包括劳动安全卫生法律、法规及本部门、本岗位的安全生产职责，安全技术、劳动卫生和安全文化的知识，有关事故案例和事故应急处理措施等。

2. 生产岗位职工的安全教育

（1）三级安全教育。三级安全教育是指企业新职工上岗前必须进行的厂级、车间级、班组级安全教育。

（2）特种作业人员安全教育。直接从事特种作业的人员就是特种作业人员。特种作业人员在进行独立作业前，必须接受其所从事的特种作业相关的安全技术理论教育和实际操作教育。

（3）经常性安全教育。由于人类生产的条件和环境、机械设备的使用状态和人的心理状态都是处于变化之中的，因此，一次性安全教育不能达到一劳永逸的效果，必须开展经常性安全教育，不断强化人的安全意识和知识技能。经常性安全教育的形式多种多样，如班前班后会、安全活动月、安全会议、安全技术交流、安全考试、安全知识竞赛、安全演讲等。无论采取什么形式，都应该紧密结合企业安全、生产状况，有的放矢，内容丰富，真正收到教育效果。

（4）"五新"作业安全教育。"五新"作业安全教育是指凡采用新技术、新工艺、新材料，使用新设备，试制新产品的单位，必须事先提出具体的安全要求，由使用单位对从事该作业的工人进行安全技术知识教育，在未掌握基本技能和安全知识前不准单独操作。"五新"作业安全教育包括安全操作知识和技能培训、应急措施的应用培训等。

（5）复工和调岗安全教育。复工安全教育是指针对离开操作岗位较长时间的工人进行的安全教育。离岗一年以上重新上岗的工人，必须进行相应的车间级或班组级安全教育。调岗安全教育是指工人在本车间临时调动工种和调其他单位工人临时帮助工作的，由接收单位进行所担任工种的安全教育。

9.3.4　安全培训的实质

安全培训是企业为提高职工的安全技术水平和防范事故的能力而进行的教育培训工作，它相对于安全教育较具体，其主要目的是使人掌握在某种特定的作业或环境下正确、安全地完成任务的技能。安全培训的实质是安全技能的教育。在现代化企业生产中，仅有安全技术知识，并不等于能够安全地从事生产操作，还必须把安全技术知识变成进行安全操作的本领，才能取得预期的安全效果。要实现从"知道"到"会做"的过程，就要借助于安全技能培训。

安全技能培训包括正常作业的安全技能培训和异常情况处理的安全技能培训。安全技能培训应按照标准化作业要求来进行，有计划、有步骤地进行培训。安全技能的形成分为三个阶段，即掌握局部动作的阶段、初步拿捏完整动作的阶段、动作的协调和完善阶段。这三个阶段的变化表现在行为结构的改变、行为速度和品质的提高、行为调节能力的增强三方面。三个阶段的表现如表9-3所示。

表9-3　安全技能培训三个阶段的表现

阶　　　段	动作技能表现	智力技能表现
行为结构的改变	许多局部动作联系为完整的动作系统，动作之间的互相干扰和多余动作逐渐减少	智力活动的多个环节联系成一个整体，概念之间的混淆现象逐渐减少，以至消失，解决问题时由开展性的推理转化为"简缩推理"

续表

阶　段	动作技能表现	智力技能表现
行为速度和品质的提高	动作速度加快，动作的准确性、协调性、稳定性、灵活性提高	思维敏捷性与灵活性、思维广度与深度、思维独立性等品质提高
行为协调能力的增加	视觉控制减弱，动觉控制增强，动作的紧张性消失	智力活动的熟练化，大脑劳动的消耗减少

学习活动 2 　年度安全教育计划的制订

[活动目标]

根据企业工程项目需要，制订培训计划。

[活动时间]

约 30 分钟。

[活动步骤]

1. 阅读文字教材中"9.3 安全教育培训对策"的内容，找出安全教育实质的关键语句，在其下面画线。

2. 登录 IP 课件（三分屏），进入事故预防与控制的讲解部分，熟悉安全教育对策的方法、应用以及安全教育的类型和内容。

3. 制定具体的实施方案。

4. 按照下面的流程制订培训计划：

（1）明确培训目的。

（2）理清基本思路。

（3）确定培训内容。

（4）提出培训要求。

5. 根据不同培训对象、培训目的等，填写表 9 - 4，确定培训计划。

表 9 - 4 　××单位××年度培训计划

时间	主　　题	方式	教育目的	对　　象	主讲人
全过程	三级安全教育		加强新员工的安全素质	新进厂员工	
6 月	国家安全法律、法规宣传		加强员工的法律意识	全体员工	
7 月	安全生产管理知识、安全生产技术专业知识		加强员工的安全意识	全体员工	

					续表
时间	主　题	方式	教育目的	对　象	主讲人
8 月	岗位安全操作规程、各岗位安全知识教育		加强员工的安全操作意识，使各岗位人员熟悉其岗位知识	项目部现场人员、各岗位操作人员	
9 月	管理人员安全教育		加强管理人员的安全意识，加强模范带头作用	公司管理人员	
10 月	典型事故和应急救援案例分析		加强员工的安全意识和处理紧急情况的能力	全体员工	
11 月	安全生产规章制度和劳动纪律		确保安全生产	全体员工	
12 月	特种作业人员安全教育		加强特种作业人员的安全技能素质	电工、焊工、司机等	
	劳保用品使用安全教育		确保员工清楚穿戴劳保用品的作用和如何穿戴劳保用品	全体员工	

[反馈]

　　安全教育培训计划制订的要点是明确培训对象和培训目的，确定培训主题和培训内容，根据要达到的效果和实施方法，确定主讲人或主要培训人员，特别注意前期的培训需求调研。

9.4　安全强制管理对策

　　从表面上看，工业生产中事故的发生是生产空间、设备、设施和人为差错等不安全条件所造成的。但是如果从事故原因和深层分析中进行研究，其根源还是管理上的缺陷，只是表现的形式不同。

　　安全强制管理对策是用各项规章制度、奖惩条例约束人的行为和自由，达到控制人的不安全行为、减少事故的目的。除建立健全我国的安全生产法律法规体系之外，在安全管理工作中，控制事故的安全管理措施主要表现在以下四方面：

　　（1）建立国家相关职能部门的"管理和监督协调制度"，即安全生产综合监管部门与专项监管部门定期的工作联席会议制度、企业安全监察情报通报制度、事故处罚协商制度、生产事故案件协查制度等。部门之间"管理和监督协调制度"的有效实施，能够大大减少职能部门的"错位""缺位"与"越位"现象，避免制度上的不严密、管理松懈、约束力不强等引起的公职人员互相推诿、钻政策空子、寻租设租行为，为各部门职能的发挥创造良好的行政环境。

（2）推行负责企业安全的有关领导进行安全生产述职制度。对企业生产事故超标的地区各级政府，政府分管领导年底要做安全生产专项安全生产述职，同时，该制度要与年终考核、晋级及职位升迁挂钩。作为理性经济人的政府官员同样具有获得经济利益最大化的愿望，如果能够将国家利益与自身利益有机地结合起来，不仅可以有效地抑制官企勾结现象，还可以有效地重视企业安全问题，使安全工作落到实处，达到事半功倍的效果。

（3）公布省市企业安全生产状况，并进行评比与惩处。国家政府运用"企业安全生产指数"或"企业重大典型事故案例"，对各省市进行安全生产状况水平排行，并且配合运用"企业事故处罚机制"和"企业安全生产先进奖励机制"，在公平、公正、公开的基础上，及时总结煤矿产业中的缺失和不足，促进各级政府对煤矿安全管理的积极作用。

（4）对企业施行"企业安全生产管理评估标准"。这一评估标准主要是指国家对企业颁布"企业安全生产管理评估标准"。该标准应采用评分制度，每年对煤矿企业安全生产管理进行切实调查，根据企业规模、种类、操作规程、管理方式等各方面，进行分类评估，以促使企业改善安全生产管理。

此外，安全检查、安全审查、安全评价等方式也是安全管理工作中控制事故的重要安全管理措施，它们在保证安全管理的效果，落实危险源的排查、监控，减少人的不安全行为等方面起到积极作用。

9.4.1　安全检查

安全检查是我国最早建立的基本安全生产制度之一。新中国成立初期，国家就根据我国的安全生产状况提出了开展安全检查的要求和规定。安全检查根据企业的生产特点，对生产过程中的危险因素进行经常性的、突击性的或者专业性的检查。安全检查的类型有以下几种：

（1）经常性安全检查。经常性安全检查是企业内部进行的自我安全检查，它是一种经常性的、普遍性的检查，其目的是对安全管理、安全技术和工业卫生情况做一般性的了解。

（2）安全生产大检查。安全生产大检查是由上级主管部门或安全生产监督管理部门对企业的各种安全生产进行的检查。

（3）专业性安全检查。专业性安全检查是针对特种作业、特种设备、特殊作业场所开展的安全检查，调查了解某个专业性安全问题的技术状况。

（4）季节性安全检查。季节性安全检查是根据季节变化的特点，为保障安全生产的特殊要求所进行的检查，自然环境的季节变化会对某些建筑、设备、材料或生产过程及运输、储存等环节产生某些影响。因此，为了消除因季节变化而产生的事故隐患，必须进行季节性安全检查。

（5）特种安全检查。特种安全检查是一种对采用的新设备、新工艺、新建或改建的工程项目，以及出现的新危险因素进行的安全检查。这种检查包括工业卫生检查、防止物体坠落的检查、事故调查和其他特种检查等。

（6）定期安全检查。定期安全检查是指列入计划，每隔一定时间进行的安全检查。这种检查可以是全厂性的检查，也可以是针对某种操作、某类设备的检查。检查的间隔时间可以是一个月、半年、一年或者任何适当的间隔期。

（7）不定期安全检查。不定期安全检查是指一种无一定间隔时间的安全检查。它是针对某个特殊部门、特殊设备或某一工作区域进行的，而且事先未曾宣布的一种检查。这种检查比较灵活，其检查对象和时间的选择往往通过事故统计分析方法确定。

无论采取什么方式的安全检查，其目的都是通过安全检查及时了解和掌握安全工作情况，发现问题并采取措施加以整顿和改进，同时又可总结经验，吸取教训，进行宣传和推广。

9.4.2 安全审查

（1）"三同时"。建设项目的安全与卫生技术措施和设施，应与主体工程同时设计、同时施工、同时投入使用。

（2）内容。

① 可行性研究审查。可行性研究审查是时可行性研究报告中劳动安全卫生部分的内容进行审查。审查的内容包括生产过程中可能产生的主要职业危害、预计危害程度、技术措施方案等。

② 初步设计审查。初步设计审查及对初次配套的《安全设施设计专篇编制导则》进行审查。审查的依据包括设计依据、工程概述、建筑及场地布置、生产过程中的职业危害因素分析、主要预防措施、预期效果评价、机构及人员配备、专用投资概算、存在的问题与建议。

③ 竣工验收审查（强制性）。按《安全设施设计专篇编制导则》规定的内容和要求，对质量及其方案的实施进行全面、系统的分析和审查，并对其效果进行评价。

9.4.3 安全评价

1. 安全评价的定义

安全评价以实现工程、系统安全为目的，应用安全系统工程的原理和方法，对工程、系统中存在的危险、有害因素进行辨识与分析，判断工程、系统发生事故和职业危害的可能性及其严重程度，从而为制定防范措施和管理决策提供科学依据。

2. 安全评价的分类

按工程、系统寿命周期和安全评价目的，可将安全评价分为以下几类：

（1）安全预评价。根据建设项目可行性研究报告的内容，分析和预测该建设项目可能存在的危险、有害因素的种类和程度，提出合理、可行的安全对策措施及建议。

（2）安全验收评价。在建设项目竣工、试运行正常后，通过对建设项目的设施、设备、装置的实际运行状况及管理状况的安全评价，查找该建设项目投产后存在的危险、有害因素，确定其程度并提出合理、可行的安全对策措施及建议。

（3）安全现状综合评价。针对某一个生产经营单位总体或局部的生产经营活动的安全现状进行安全评价，查找其存在的危险、有害因素，确定其程度并提出合理、可行的安全对策措施及建议。

（4）专项安全评价。针对某一项活动或场所，以及一个特定的行业、产品、生产方式、生产工艺或生产装置等存在的危险、有害因素进行安全评价，查找其存在的危险、有害因素，确定其程度并提出合理、可行的安全对策措施及建议。

9.5　保险与事故预防

从安全技术、安全教育和安全管理三方面入手，采取各项事故预防措施，可以尽可能地降低事故可能性。同时，事故控制与应急抢救措施也可以尽可能地降低事故严重性。但由事故的特性可知，无论采取了怎样先进的技术措施和严密的管理措施，都不可能达到本质安全，事故是不可能完全避免的，仍有可能发生其损失大大超过人类承受能力的事故。此外，除人为因素及环境、设备等因素引发的事故以外，人们对于自然灾害，如地震、飓风、雷击、洪水等，更加难以控制和承受。即使在科学技术更为发达的未来，人们掌握了更多、更好的控制事故发生或控制事故损失的技术，也要面临不可能完全控制的现状。因此，采取保险的方法，用经济补偿的方式减少因事故或灾害所造成的经济损失，使企业具有重新恢复生产的能力，使家庭得以休养生息，已经成为事故损失控制的重要手段之一。

9.5.1　保险的基本概念

在日常生活中，人们常把"保险"一词理解为稳妥或有把握的意思。但在保险学中，保险有其特定、深刻和复杂的含义。

从经济角度来说，保险是分摊意外损失的一种财务安排，即把损失风险转移给保险组织，由于保险组织集中了大量同质的风险，所以能借助于大数法则来正确地预见损失发生的金额，并据此指定保险费率，通过向所有成员收取保险费来补偿少数成员遭受的意外损失。

从法律意义上来讲，保险是一方同意补偿另一方损失的合同安排，同意赔偿损失的一方是保险人，被赔偿损失的一方是被保险人。保险合同主要是保险单，被保险人通过购买保险单把损失风险转移到保险人。

《中华人民共和国保险法》对保险的定义表述如下：本法所称保险，是指投保人根据合同约定，向保险人支付保险费，保险人对于合同约定的可能发生的事故因其发生所造成的财产损失承担赔偿保险金责任，或者当被保险人死亡、伤残、疾病或者达到合同约定的年龄、期限等条件时承担给付保险金责任的商业保险行为。

保险的分类标准多种多样，分类的方法既来自保险公司内部业务工作的实践，也来自利用保险进行财务控制的立法影响。

（1）按实施形式分类。按照保险的实施形式，可以把保险分为自愿保险和法定保险。自愿保险是指投保人和保险人在平等互利、等价有偿和协商一致的基础上，通过签订保险合同而建立的保险关系。法定保险又称为强制保险，它是通过法律规定强制实行的保险。社会保险属于法定保险，但法定保险并不局限于社会保险，如新中国成立初期，曾实行过国营（现改称"国有独资"）企业财产强制保险。

（2）按对象分类。按照保险的对象，可以把保险分为财产保险、责任保险和人身保险。财产保险的对象是被保险人的财产，它是以灾害事故造成的财产损失为保险标的。被保险的财产分为有形财产和无形财产两种，前者如厂房、设备、运输工具和货物；后者如专利、版权、预期利润等。责任保险是指以被保险人的民事损害赔偿责任为保险标的的保险，这种赔偿责任包括对他人的人身和财产损害，是被保险人的过失造成的。人身保险是以人的生命和身体为保险标的的保险，一旦被保险人遭受人身伤害或死亡，或者生存到保险期满之后，保险人承担给付保险金的责任。

（3）按保障的范围分类。按照保险保障的范围，可以把保险分为财产保险、责任保险、信用保险和人身保险四大类。这里，责任保险是以被保险人对第二者依法应负的赔偿责任为保险标的的保险。信用保险实际上是保险人为被保险人向权利人提供的一种信用担保业务，它分为两种：凡投保人投保自己信用的叫保证保险；凡投保人投保他人信用的叫信用保险。

（4）按业务承保的方式分类。按照保险业务承保的方式，可以把保险分为原保险、再保险、重复保险、共同保险。原保险是保险人与投保人最初达成的保险。再保险是一个保险人把原承保的部分或全部保险转让给另一个保险人。最初承保业务的公司称为分出公司或原保险人；接受分出公司保险的公司称为再保险人。重复保险是数家保险公司承保了被保险人的相向保险利益，即一个保险标的有几份保险单或被保险人的几份保险单有同一保险责任。共同保险是指保险人和被保险人共同分担损失。

9.5.2 保险与风险管理

风险管理起源于美国。20 世纪 50 年代早期和中期，美国大公司发生的重大损失促使大公司的高层决策者认识到风险管理的重要性。经过半个多世纪的发展，已经逐渐形成一门新的管理科学，风险管理已经被公认为管理领域内的一项特殊职能。风险管理是指面临风险者进行风险识别、风险估测、风险评价、风险控制，以减少风险负面影响的决策及行动过程。从本质上讲，风险管理是应用一般的管理原理去管理一个组织的资源和活动，并以合理的成本尽可能减少意外事故损失和对组织及其环境的不利影响。

1. 风险管理的范围

风险管理包括以下五方面的内容：

（1）识别和衡量风险，决定是否投保。如果决定投保，则拟订免赔额、保险限额，办理投保和安排索赔事务；如果决定自担风险，则设计自保管理方案。

（2）损失管理工程。设计安全的操作程序，以防止或减少灾害事故造成的财产损失。

（3）安全保卫和防止员工工伤事故。

（4）员工福利计划。这包括安排和管理员工团体人身保险。

（5）损失统计资料的记录和分析。

从这些活动中可以看出，风险管理是企业管理的一个重要方面。风险管理与保险不同，它着重识别和衡量纯粹风险，而保险只是对付纯粹风险的一种方法。风险管理中的保险主要从企业或家庭的角度讲怎样购买保险。风险管理也不等同于安全管理，虽然安全管理或损失管理是风险管理的重要组成部分，但风险管理的过程包括在识别和衡量风险后对风险管理方法进行选择与决策，因此，在这个意义上，风险管理的范围大于保险和安全管理。尽管这样，风险管理和保险无论在理论上还是在实际操作中，都有密切联系。在实践中，一方面，保险是风险管理中最重要、最常用的方法之一；另一方面，通过提高风险识别水平，可以更加准确地评估风险，同时，风险管理的发展对促进保险技术水平的提高起到重要作用。

2. 风险管理的方法

风险管理主要有五种方法：避免风险、预防风险、自担风险、转移风险和保险。其中，前三种方法是风险控制的措施，后两种方法是风险补偿的筹资措施，对已发生的损失提供资金补偿。

（1）避免风险。避免风险是指主动避开损失发生的可能性。避免风险有两种方式：一种是完全拒绝承担风险；另一种是放弃原先承担的风险。这种方法的适用性有限，它适用于对付那些损失发生概率高且损失程度大的风险。一方面，避免风险会使企业丧失从风险中可以取得的收益；另一方面，避免风险的方法有时并不可行，如避免一切责任风险的唯一办法是取消责任。另外，避免某一种风险可能会产生另一种风险，如以铁路运输代替航空运输。

（2）预防风险。预防风险是指采取预防措施，以减少损失发生的可能性及损失的严重程度。对于安全管理来说，它是指事故预防与应急措施两种手段。例如，建造防火建筑物、检查通风设备、改进产品设计、颁布安全条例、提供劳动保护用品等，均是减少损失频率的措施。

（3）自担风险。自担风险是指企业自有资金或借入资金补偿灾害事故损失。自担风险是指自己非理性或理性地主动承担风险。其中，"非理性"是指对损失发生存在侥幸心理或对潜在损失程度估计不足，从而暴露于风险中；"理性"是指经正确分析，认为潜在损失在承受范围之内，而且自己承担全部或部分风险比购买保险更经济、合算，这适用于对付发生概率小，且损失程度低的风险。

（4）转移风险。转移风险是指通过某种安排，把自己面临的风险全部或部分转移给另一方，通过转移风险而得到保障。转移方式有合同、租赁和转移责任条款等。保险就是转移风险的风险管理手段之一。

（5）保险。在风险管理中，风险管理人员经常使用保险这一重要工具。企业的保险计划主要有选择保险范围、选择保险人、保险合同条件谈判、定期检查保险计划。

3. 风险管理检查和评价的标准

（1）效果标准。例如，意外事故损失的频率和程度下降、责任事故损失降低、风险管理部门经营管理费用减少、责任保险费率降低、因提高企业自担风险水平而减少财产保险费用等都是效果标准。

（2）作业标准。它注重对风险管理部门工作的质量和数量的考核。例如，规定设备保养人员每年检查的次数和维修的台数。

单纯使用效果标准来检查和评价风险管理工作会有不足之处，因为意外事故损失的发生具有随机性。同样，单纯使用作业标准来检查和评价风险管理工作也有缺陷，因为它没有把风险管理工作对企业的经济贡献或影响联系起来。因此，对风险管理工作业绩的检查和评价，应该综合使用这两个标准。

9.5.3　几种主要的保险

（1）财产保险。财产保险是指投保人根据保险合同的约定，向保险人交付保险费，保险人按保险合同的约定，对所承保的财产及其有关利益因自然灾害或意外事故造成的损失承担赔偿责任的保险。

（2）人身保险。人身保险是指以人的生命和身体为保险标的，当被保险人发生死亡、伤残、疾病等事故或保险期满时，给付保险金的保险。人身保险的保险标的为人的生命或身体。当以人的生命作为保险标的时，保险以生存和死亡两种状态存在。人身保险的保险责任包括生、老、病、死、伤、残等各方面。这些保险责任不仅包括人们在日常生活中可能遭受的意外伤害、疾病、衰老、死亡等各种不幸事故，而且包括与保险人约定的生存期满等事项。

扫描二维码，可查阅《工伤保险条例》，了解更多关于工伤保险的内容。

（3）工伤保险。工伤保险也称为职业伤害保险，是对在劳动过程中遭受人身伤害（包括事故伤残和职业病，以及这两种情况造成的死亡）的职工、遗属提供经济补偿的一种社会保险。实行工伤保险的目的在于预防工伤事故，补偿职业伤害的经济损失，保障工伤职工及其家属的基本生活水准，减轻企业负担，同时保证社会经济秩序的稳定。

本章小结

【事故预防与控制】

❖　事故预防与控制的基本概念

- ✓　叙述事故预防和事故控制的定义
- ✓　描述事故预防与控制的目的
- ✓　描述事故预防与控制的原则
- ✓　列举事故预防与控制的措施

❖　安全技术培训对策

- ✓　叙述安全技术对策的选用原则
- ✓　描述预防事故发生的技术措施
- ✓　列出减少和遏制事故损失的技术措施
- ✓　阐述在事故预防和控制中技术措施是首要选择的原因

❖　安全教育培训对策

- ✓　叙述安全教育对策的意义
- ✓　阐述安全教育的内容
- ✓　列出安全教育的类型
- ✓　描述安全培训的实质

❖　安全强制管理对策

- ✓　叙述安全强制管理对策的意义
- ✓　阐述安全强制对策的方法

❖　保险与事故预防

- ✓　叙述保险和工伤保险的定义
- ✓　阐述保险与风险管理的关系

自测题

一、选择题

9-1　事故预防与控制是建立事故预警系统的重要组成部分。下列有关事故预防与控制的说法中，正确的是（　　）。

A. 事故预防是指通过采用技术和管理手段使事故发生后不造成严重后果

B. 事故控制是指通过采取技术和管理手段使事故不发生

C. 事故预防与控制应从安全技术、安全教育和安全管理等方面入手，采取相应对策

D. 安全管理对策着重解决物的不安全问题

9-2 （　　）色表示指令，要求人们必须遵守的规定。

A. 红 B. 黄 C. 蓝 D. 绿

9-3 （　　）色表示提醒人们注意。

A. 红 B. 黄 C. 蓝 D. 绿

9-4 下列选项中，不属于"五新"作业安全教育的是（　　）。

A. 新技术 B. 新员工 C. 新材料 D. 新产品

9-5 下列选项中，不属于建设工程的安全设施必须与主体工程"三同时"原则内容的是（　　）

A. 同时设计 B. 同时施工 C. 同时投入生产和使用 D. 同时检测

二、判断题

9-6 能具缓冲是防止事故发生的技术措施。 （　　）

9-7 人员防护是预防事故的最好安全措施。 （　　）

9-8 绿色表示给人们提供允许、安全的信息。 （　　）

三、名词解释

9-9 3E 对策

9-10 事故隐患

四、简答题

9-11 安全管理的基本任务是什么？

9-12 预防事故的安全技术有哪些？

五、论述题

9-13 在事故预防与控制中，有哪几种安全对策？首选安全措施是哪一种？为什么？

第 10 章　煤矿事故应急管理与重大危险源辨识

导　言

事故的特点决定了事故后果的灾难性、毁灭性和伤害性，积极开展事故应急管理，通过事前计划和应急措施，充分利用一切可能的力量，做好应对灾害性事件的心理和物质准备，是各级安全管理人员必须考虑并实施的工作。

本章将要学习煤矿事故应急管理与重大危险源辨识。应急救援是承接重大事故的应急管理而来的，重大事故的应急管理包括预防、准备、响应、恢复四个阶段。在煤矿重大危险源辨识的基础上，分析可能发生的事故类别和事故级别，编制事故应急预案，以提高对突发事故的应急能力。

本章在内容安排上，从管理和技术层面探讨了灾害性事件的特点、分类和煤矿事故应急管理的总体思路及方法。首先介绍了灾害性事件的应急管理体系，其次针对煤矿事故的应急管理以及重大危险源辨识进行了深入的阐述。学习这些内容对于实际工作中更好地发挥安全管理的作用具有很好的实用价值。

学习目标

认知目标

1. 叙述灾害性事件应急管理方法。
2. 阐述煤矿事故应急管理。
3. 叙述煤矿事故应急预案的编写。
4. 分析煤矿重大事故与应急救援案例
5. 阐述煤矿重大危险源的辨识方法。

技能目标

1. 根据不同的情况，辨识煤矿存在的重大危险源。
2. 结合煤矿的生产实际和法律、法规的要求，编制煤矿事故应急预案。

情感目标

对煤矿安全管理的相关知识产生兴趣，相信自己能够选择恰当的应急管理方法和应急管理理念，为煤矿安全管理提供有力的技术支撑。

10.1　灾害性事件的应急管理

事故的特点决定了事故后果的灾难性、毁灭性和伤害性，听天由命、被动地面对事故是不可取的。要积极开展事故应急管理，通过事前计划和应急措施，充分利用一切可能的力量，做好应对灾害性事件的心理和物质准备。

10.1.1 灾害性事件的概念

灾害性事件是指个人或集体在时间进程中，在为了实现某种意图而采取行动的过程中，突然发生了与人的意志相反的情况，迫使这种行动暂时或永久地停止，并造成人员伤亡、经济损失或环境污染的意外事件。

灾害性事件除具有事故的所有特性，即普遍性、随机性、必然性、因果相关性、突变性、潜伏性、危害性、可预防性等以外，又有其自身的特性。灾害性事件与事故最大的不同在于，灾害性事件会造成大量的人员伤亡、重大的经济损失、严重的环境污染及巨大的社会效应。因此，灾害性事件的后果不仅非常严重，而且会引起人们的关注，造成不良的社会影响。

10.1.2 灾害性事件现场应急管理

1. 指挥与控制

指挥与控制是指紧急事件中的信息管理、信息分析和决策。下面描述的指挥与控制系统是针对比较大的企业的，对较小的企业可能不需要如此复杂，但基本原则是一样的。

（1）应急管理组。应急管理组全面负责和控制所有与事故相关的活动。应急管理组由应急指挥领导，应急指挥由设施管理者担任，负责指挥和控制应急事物的所有方面。应急管理组的其他成员为高层管理者，其主要工作是评估事件的短期和长期影响，下达撤离或关闭设施的命令，接待外部组织、媒体和发布新闻。

（2）事故指挥系统。事故指挥系统可提供协调的响应、清晰的命令链和安全操作链。事故指挥官通过应急操作中心负责事故的前线管理、战术规划与实施，决定是否需要外部帮助，转达对内部资源或外部帮助的要求。事故指挥官是有决定权的管理人员，其工作职责为担任指挥、评估形势、实施应急管理预案、决定响应策略、命令撤离、督察所有事故响应活动和宣布事故结束。

（3）应急操作中心。应急操作中心是应急管理的中心，根据事故指挥官和其他人员提供的信息进行决策。应急操作中心位于设施中不容易卷入事故的地方，可以是经理办公室、会议室、安全部门、培训中心等，并明确一个备用位置，以备万一。应急操作中心的资源包括通信设备，应急管理预案复制，应急操作中心的程序、设计图、地图和形势图板、人员和职责说明清单、技术信息，应急者使用的数据，建筑保卫系统信息，电话目录，备用电源，通信与照明及应急供应等。

（4）应急预案应考虑的问题。应急预案应考虑的问题包括两方面：第一，建立操作与控制系统，包括明确指定执行任务人员的职责；明确灭火、医疗健康管理服务、工程的程序和责任；明确接任顺序；确保关键岗位的领导、权力和责任的连续性；明确每一个响应功能需要的设备与供应；等等。第二，安排所有人员识别并报告紧急情况、警告其他职工、采取保卫与安全措施、安全撤离和提供培训等。

（5）保卫。从事故一开始就应隔离现场，如果可能，发现者应该保护现场并限制人员接近，但是不能让任何人冒险进行这项工作。基本保卫措施包括关闭门窗，人员安全撤离后用家具建立临时障碍，在危险材料泄漏的路径上设置围堵设施并关上文件柜。只有受过专业训练的人，才允许进行高级的保卫措施，进入设施、应急操作中心和事故现场的人限于应急响应中直接有关的人。

（6）外部响应的协调。在某些情况下，由于法律规定、规范的要求和事先的协议，以及紧急事件的性质，需要事故指挥官将操作移交给外部机构，实施工厂与外部响应组织之间的协议。工厂的事故指挥官应向外部机构的事故指挥官提供完整的形势报告，并追踪现场组织和协调应急响应，这可以帮助增加个人的安全性和责任感，避免重复工作。

2. 通信

在应急反应期间，通信是必不可少的，用于报告紧急情况、警告危险、保持与家庭和不当班职工联系以通报设施的事件和协调应急行动、保持与客户和供应商的接触等。

（1）通信系统各种事故的可能性。要考虑通信方面所有可能的事故，包括暂时的或短期的中断和完全的通信瘫痪。主要考虑以下六方面的内容：设施的日常功能和支持这些功能的通信，包括语音和数据；一旦出现通信故障，将对企业造成什么冲击，在紧急事件中造成怎样的冲击；确定所有设施通信的优先顺序，决定发生紧急事件期间哪个应首先恢复；建立恢复通信系统的程序；与通信提供商就其通信应急响应能力进行协商，建立恢复服务的程序；决定是否需要就每个岗位提供备用通信手段。

（2）应急通信。紧急事件中的应急通信系统包括紧急响应者之间、紧急响应者与事故指挥官、事故指挥官与应急操作中心、事故指挥官与职工、应急操作中心与外部响应组织、应急操作中心与相邻企业、应急操作中心与职工家庭、应急操作中心与顾客以及应急操作中心与媒体等。应急通信方法包括信使、电话、无线对讲机、传真机、微波通信、卫星通信、调制解调器、局域网和手势等。

（3）家庭通信。在紧急事件中要制定与职工家庭通信的应急预案，具体包括三方面：在紧急事件中互相分离或受伤时怎样与家庭联系；在紧急事件中安排与所有家庭成员进行电话联系；一旦紧急事件中不能回家，就安排会见家庭成员的地方。

（4）通告。建立向职工报告紧急事件的程序，将紧急电话号码贴在每一部电话机旁、公告栏以及其他显著的位置，保持应急响应关键人员的住址、电话号码或其他联系方式的更新，收听气象台发布的暴雨、飓风以及其他恶劣天气的警报，预先确定政府机构需要的通告，通告应该在事故可能影响公众安全与健康时立即发出。

（5）警报。设立紧急事件中警告个人的系统，包括能被设施中的人听见或看见、有辅助电力供应和清晰可辨的信号，必须有警告残疾者的应急预案，如通过闪光灯警告听力下降者。建立报警程序，用来警告顾客、承包商、来访者和其他不熟悉设施报警系统的人。对于报警系统，至少应每个月进行一次测试。

3. 生命安全

在紧急事件期间，保护设施中每个人的安全和健康是最重要的。

（1）撤离计划。撤离是最普通的保护措施。编写撤离政策的程序如下：

① 决定需要撤离的条件。

② 建立清晰的命令链，明确有发布撤离命令权力的人，任命撤离管理人员帮助他人撤离和清点人数。

③ 建立特定撤离程序和清点人数的系统，进行较远撤离时，应考虑职工的交通问题。

④ 建立程序帮助残疾人员和语言不通的人员。

⑤ 张贴撤离程序。

⑥ 在任命撤离过程中，继续或中断关键操作的人员，他们必须有能力判断何时放弃操作，撤离自己。

（2）撤离路线与应急出口。指定主要的和备用的撤离路线与应急出口，要有清晰的标志和照明，要安装应急照明，以备撤离时停电。撤离路线与应急出口应有足够的宽度来容纳撤离人数，在任何时候都要保持干净、无障碍，不太可能暴露在另外的危险中。撤离路线须经非本单位人员评价过。

（3）集合区与人数清点。集合区的混乱可能导致不必要的和危险的搜救操作，应明确撤离后的集合地点。撤离后清点人数，应确定未到者的姓名和最后所在的位置，并提交应急操作中心，建立清点供应商、顾客等其他非本单位职工的程序，并建立进一步撤离程序，以防事故扩大，包括让职工回家或提供交通工具撤离到安全地点。

（4）躲避。在有些紧急事件中，无论在设施内还是在设施外的公共建筑里，最好的保护措施就是躲避。在躲避时要考虑躲避的条件，确认设施内或社区的躲避空间，建立让个人躲避的程序，确定必需的应急供应，如水、食物、医疗设施等。如果需要，任命躲避场所管理者，制订与地方当局的协调计划。

（5）训练与信息。训练职工撤离、躲避或其他安全程序。至少每年训练一次，对于新职工、撤离管理员、躲避场所管理者和其他有特殊安排的人，必须进行训练。当引进新装备、材料或过程，更新或修订程序，改进职工的练习行动时，也必须进行训练。提供的应急信息包括安全检查表和撤离图、关键地方张贴的撤离图，以及考虑顾客或其他来访者需要的信息。

（6）家庭的准备。帮助职工安置家庭成员。以家庭为单元，做好应对紧急事件的准备，这将增加职工个人的安全性，减少其对家人的担忧，以尽快投入新的救援或生产活动。

4. 财产保护

当紧急事件发生时，应保护设施、设备和关键的记录，这对以后恢复生产是必需的。保护的设施包括防火系统、防雷系统、液位监测系统、溢流检测装置、自动关闭装置和应急发电系统等。设施关闭通常是最后的措施，一些设施只需要简单的关闭程序，如关掉设备、锁门、发警报，但对于大的设施，需要复杂的关闭程序。保存必要记录对于恢复操作是非常重要的，这些记录包括财务与保险信息，工程计划与工程图，产品清单与说明书，职工、顾客、供应商数据库，配方与商业秘密，个人资料等。

5. 外部组织

与外部组织的关系会影响保护人员和财产、恢复操作的能力。这里描述应急预案中涉及的外部组织，如图 10 – 1 所示。

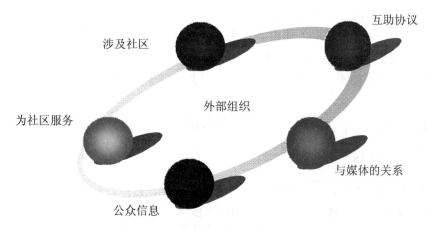

图 10 – 1　应急预案中涉及的外部组织

（1）涉及社区。与社区领导、应急负责人、政府机构、社区组织与公共事业部门保持对话，定期会见社区应急人员，评审应急预案与程序，谈论为准备与防止紧急事故可以做些什么。

（2）互助协议。为避免应急响应中的混乱和冲突，应与地方应急响应机构和相邻企业建立互助协议，包括确定帮助的类型、激活协议的命令链和确定通信程序。

（3）为社区服务。在涉及整个社区的紧急事件中，企业需要在人员、掩蔽设施、培训、储存、饲养设施、应急操作中心设施、食品、衣物、建筑材料、资金、运输等方面帮助社区。

（4）公众信息。当紧急事件扩大至社区外时，社区要了解事故的性质、公众安全和健康是否处于危险中、怎样解决问题、如何阻止事态恶化，就要确定事件可能影响到的人，明确他们需要的信息。这些人包括公众、媒体、职工与退休职工、协会、承包商和供应商、顾客、股东、应急响应组织、管理机构、指定与选举的官员、特殊兴趣组织、邻居等。

（5）与媒体的关系。媒体是紧急事件中与公众最重要的联系途径。在紧急事件期间向媒体提供信息时，应做到给所有媒体接触信息的平等的机会，如果可能，发布简报或召开记者招待会。同时，确保现场媒体代表的安全，保存发布信息的记录。

值得注意的是，要避免对有关事故进行猜测，不允许非授权人发表信息，不得掩盖事实或误导媒体，不得谴责事故。

6. 恢复与重建

事故过后应着手进行恢复操作。恢复操作包括以下几方面内容：

（1）建立恢复组织，建立恢复操作的优先顺序。

（2）继续保持个人与财产安全，评估残余危害，保留现场安全保卫。

（3）召开职工会议。

（4）保留详细记录，包括声音记录、损害的照片和录像带。

（5）统计损失情况，建立损失的账目。

（6）建立事件后通报程序。通报职工家庭有关个人的财产状况，通报不在岗人员的工作状态，通报保险公司和有关政府机构。

（7）保护未损坏财产，关闭建筑进口，清除烟、水和其他残骸，保护设备，防止其受潮，恢复供电。

（8）进行事故调查，与政府有关部门协调行动。

10.1.3 重要目标区救援预案

重要目标区救援预案是一个实质性的具体行动方案，它是各救援分队实施救援的依据。此类预案主要有以下六方面的内容，如图 10-2 所示。

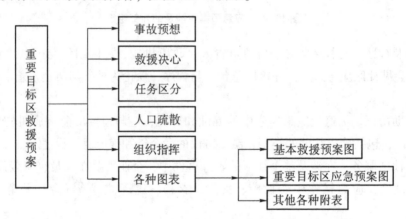

图 10-2 重要目标区救援预案包括的内容

（1）事故预想。事故预想是制定目标区救援预案的前提。事故预想主要包括以下内容：

① 重要目标区的危险源概况。

② 潜在威胁最大的目标（单位）名称。

③ 主要有毒、有害物质的常存量。

④ 对潜在威胁程度的评估，对诱发事故因素的分析。

⑤ 对各季节风向、风速、气温、雨（雪）量的判断及气象条件对化学事故可能的影响等。

根据调查资料建立数据库，对危害结果进行预测。

（2）救援决心。救援决心主要说明救援指挥者的指导思想、要采取的手段和达到的目的。

（3）任务区分。按照厂区救援、社区救援和市预备队救援三个层次单位（队）区分任务。厂区救援是本厂自身的救援，其任务是切断毒源、制止扩散及救护本厂人员；社区救援是所在社区指挥部组织的救援，应集中全区所有力量进行救援，其救援范围以厂区为主；市预备队救援是出动市预备队援救，任务范围除专业技术人员到厂区以外，以外围救援为主。

（4）人口疏散。人口疏散应考虑疏散的时机、范围、地域、路线、方法和保障，以及组织指挥。疏散地域应选择在事故源的上风方向、在毒气扩散范围之外、便于机动和能容纳所疏散的人口等处。

（5）组织指挥。组织指挥包括指挥机构的组成、任务、权限、位置和指挥所开设时机。指挥位置要选择在毒气扩散的上风方向，并便于指挥的位置。指挥所人员的构成应为本系统、厂（企）指挥部的成员和各专业分队的指挥员代表。各代表均应携带指挥通信工具，能接受指挥部的命令，又能对其分队实施有效指挥。

（6）各种图表。

① 基本救援预案图。基本救援预案图的主要内容包括以下几方面：重要目标的分布情况；救援力量的配置情况；市、区消防和有关部门、单位的位置；市、区目标区有线、无线联网情况。

② 重要目标区应急预案图。重要目标区应急预案图的主要内容包括以下几方面：危险源扩散范围及模式；各救援分队的机动、展开位置；人口疏散的方向和地域；各级指挥所的位置。

③ 其他各种附表。例如，救援指挥部序列表，它主要反映本系统、厂（企）指挥部和专业队的编号及指挥关系；危险品来源情况表，其主要内容包括单位名称、详细地址、联系电话，品名、产量、日储量、等级划分及周围人口密度等；救援力量情况表；它主要包括单位名称、详细地址、联系电话，人数，装备器材名称、数量、技术性能，装备车辆数、救援能力及防护能力等。

10.2　煤矿事故应急管理

在任何工业活动中都有可能发生事故，尤其是随着现代工业的发展，生产过程中存在巨大的能量和有害物质，一旦发生事故，往往会造成惨重的生命、财产和环境破坏。由于自然或人为、技术等，当事故或灾害不可能完全避免时，建立事故应急救援体系，组织及时、有效的应急救援行动，已成为抵御事故风险或控制灾害蔓延、降低危害后果的关键甚至唯一手段。

10.2.1　煤矿事故应急管理的主要特点

煤矿事故应急管理的主要特点有以下四个：

（1）统一领导。煤矿事故应急管理是一项综合、复杂的工程，在煤矿事故应急管理的各项工作中，应由各级人民政府统一领导，成立应急指挥机构，对工作实行统一指挥。

（2）综合协调。在煤矿事故应急救援过程中，参与主体是多样的，既有政府部门，也有矿山应急救援队伍、医疗救护队伍、消防队伍等，要实现"反应灵敏、协调有序、运转高效"的应急机制，必须加强在统一领导下的综合协调能力建设。

（3）分级负责。按照"国家监察、地方监管、企业负责"的煤矿安全工作原则和安全责任制，对煤矿事故应急救援工作实行分级管理。

（4）以属地管理为主。事故发生地政府的迅速反应和正确、有效应对是有效遏制事故发生、发展的关键。

10.2.2　煤矿事故应急管理的基本任务

尽管重大事故的发生具有突发性和偶然性，但重大事故的应急管理不只限于事故发生后的应急救援行动。煤矿事故应急管理是对重大事故的全过程管理，它贯穿于事故发生前、发生中、发生后的各个过程，充分体现了"预防为主，常备不懈"的应急思想。煤矿事故应急管理是一个动态的过程，包括应急预防、应急准备、应急响应和应急恢复四个阶段。

（1）应急预防。在应急管理中，预防有两层含义：一是事故预防工作，通过安全管理和安全技术等手段，尽可能防止事故的发生，实现本质安全；二是在假定事故必然发生的前提下，通过预先采取的预防措施，降低或减缓事故的影响或后果的严重程度。

（2）应急准备。应急准备是应急管理过程中一个极其关键的过程，它是针对可能发生的事故，为迅速、有效地开展应急行动而预先所做的各种准备，包括应急机构的设立和职责的落实、应急预案的编制、应急队伍的建设、应急设备与物资的准备和维护、应急预案的演练、与外部应急力量的衔接等。其目标是保持重大事故应急救援所需的应急能力。

（3）应急响应。应急响应是指在事故发生后立即采取的应急与救援行动。

（4）应急恢复。应急恢复工作应在事故发生后立即进行，首先是事故影响区域恢复到相对安全的基本状态，然后逐步恢复到正常状态。

10.2.3　自救、互救和临场抢救

1. 自救

自救是指当井下发生意外灾害事故时，在灾区或受灾区影响的区域内，每个作业人员进行避灾和保护自己而采取的措施及方法。

2. 互救

互救是指在有效地自救的前提下，为了妥善地救护灾区内的其他人员而采取的方法。

3. 临场抢救

临场抢救是指当事故发生后，在灾区或受灾区影响区域内的人员会受到危险，现场人员应立即组织起来，判明事故，利用现有的设备和材料进行抢救，以防止事故扩大而造成更大

的人员伤害和财产损失。

（1）积极抢救。当事故发生后，在灾区或受灾区影响区域内的人员应沉着冷静，根据灾情和现有条件，在保证安全的前提下，采取积极、有效的方法和措施，及时进行现场抢救，将事故消灭在初期阶段或控制在最小范围内，最大限度地减少事故造成的损失。在抢救中，要提高警惕，做好个人防护，防止中毒和窒息，最好是在有经验职工的统一指挥下，有组织地开展，不能盲目蛮干，更不能惊慌失措，要有防止灾变恶化的措施。

（2）安全撤离。当事故现场不具备抢救条件或灾情危及人员的生命安全时，应在现场负责人或有经验职工的带领下，按照灾害避灾路线规定，结合现场具体情况，选择距新鲜风流或安全地点最近的路线撤出灾区。撤离中，应注意做好个人防护，要发扬团结友爱、互助精神，对已受伤的人员要照应，不可惊慌失措，盲目地乱跑、乱叫。在穿过危险区域、地带时，选择正确的避灾路线至关重要，这是决定能否安全撤出危险区的关键。

（3）妥善避灾。例如，道路冒落阻塞，在自救器的有效时间内无法安全撤离灾区，当到达安全地点时，遇险人员要尽快进行自救、互救，妥善避灾，努力维持和改善自身的生存条件，进入预先筑好的或就近地点快速建筑临时避难硐室，设置呼救信号，等待救援，切忌盲目行动。

现列举几起临场抢救中的事例说明。

【例 10-1】某矿工作面进风巷发生火灾，其事故示意图如图 10-3 所示。火烟气体进入工作面威胁到人员安全，在现场一名区长的带领下，佩戴过滤式自救器，由工作面回风巷撤离，但抢救人员在 B 点处打一风障，以控制火势发展，结果使回风巷内的氧气含量降低，40 名矿工撤到 A 点位置窒息死亡，此处距新鲜风流处仅 5 米。

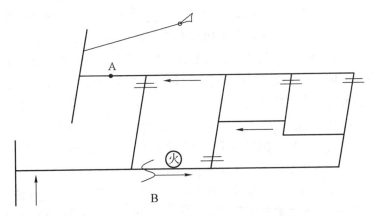

图 10-3　某矿工作面进风巷火灾事故示意图

【例 10-2】某矿井下火药库发生爆炸事故，其事故避灾示意图如图 10-4 所示。在 5 号采煤工作面内的 4 名职工听到伴有地板震动的一声巨响后，烟雾、煤尘向他们袭来。在一名年龄较大的矿工的带领下，他们试图沿回风巷撤离。由于通风系统遭到破坏，回风巷中也出现了烟雾，在撤离中出现一名矿工轻微中毒情况，随后他们又返回，撤到 4 号掘进工作面，躺在掘进头待救。由于 4 号掘进工作面稍倾斜向下，局扇也被炸毁，烟雾在短时间内未进入掘进头，4 名矿工最后被救护队救出脱险。

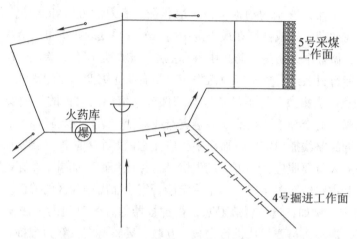

图 10 - 4　某矿井下火药库爆炸事故避灾示意图

以上事例说明，在事故发生后，应采取正确的避灾路线进行撤离。如无法撤离，应迅速选取避灾地点避灾，并积极采取必要措施进行自救，这是关系到能否安全脱险和生还的关键。

10.3　煤矿企业应急预案的编制

"预防为主"是保障安全生产的基本原则。然而，无论预防工作做得如何周密，事故和灾害总是难以根本杜绝。矿山的重特大事故具有极大的危害，为了避免或最大限度地减少事故和灾害的损失，从容地应对紧急情况，需要具备处理事故的周密的应急计划、严密的应急组织、精干的应急队伍（以专业救护队为主）、敏捷的报警系统和完备的应急设施。应急救援工作又涉及众多部门和多个救援队伍的协调配合，所以重特大事故应急救援不同于一般事故的处理，它是一项社会性的系统工程，应受到煤矿企业的高度重视。

应急预案是企业应急管理工作的主线，也是企业开展应急救援工作的重要保障。煤炭行业是高风险行业之一，生产条件差，作业环境复杂，工作场所环境不断变化，瓦斯、水害、煤尘等有害因素和顶板事故、火灾事故、自然灾害等不安全因素，严重威胁着矿山的安全生产。煤矿企业开展应急预案的编制工作对于消除事故隐患、提高事故防范意识、减少和控制事故的发生具有重要意义。

10.3.1　煤矿企业应急预案体系的构成

企业编制应急预案要形成"横向到边、纵向到底"的应急预案体系。《生产经营单位生产安全事故应急预案编制导则》（GB/T 29639—2013）在企业应急预案编制方面，提出了综合应急预案、专项应急预案和现场处置方案三方面内容。

（1）综合应急预案。综合应急预案是企业应急管理的总纲，是从总体上阐述事故应急方针、政策，应急组织机构及职责，应急行动、措施和保障等基本要求和程序，是应对各类事故的综合性文件。综合应急预案的主要内容包括总则、单位概况、组织机构及职责、预防与预警、应急响应、信息发布、后期处置、保障措施、培训演练、奖惩、附则 11 部分。

（2）专项应急预案。专项应急预案是指针对具体的事故类别（如矿井水灾、火灾、瓦斯爆炸事故）、危险源和应急保障而制订的计划和方案，它是综合应急预案的组成部分。专项应急预案的主要内容包括事故类型和危害程度分析、应急处置基本原则、组织机构及职责、预防与预警、信息报告程序、应急处置、应急物资与装备保障 7 部分。

中小型企业，特别是生产规模小、危险因素少的企业，在编制应急预案时，应简短、清晰、实用，要凸显简洁和实用原则，也可以把综合应急预案与专项应急预案合并编写，但相关的关键因素不可少。

（3）现场处置方案。现场处置方案是指针对具体装置、场所或设施、岗位所制定的应急处置措施。现场处置方案应具体、简单、针对性强，应根据风险评估及危险性控制措施逐一编制，做到事故相关人员应知应会、熟练掌握，并通过应急预案演练，做到迅速反应、处置正确。现场处置方案的主要内容包括事故特征、应急组织与职责、应急处置、注意事项 4 部分。

10.3.2　煤矿企业应急预案编制的步骤

在编制企业应急预案之前，应进行编制前的准备工作，主要内容有以下几方面：全面分析本单位的危险因素、可能发生的事故类型及事故的危险程度；排查事故隐患的种类、数量和分布情况，并在隐患治理的基础上，预测可能发生的事故类型及事故的危害程度，确定事故危险源，进行风险评估；针对事故危险源和存在的问题，确定相应的防范措施；充分借鉴国内外同行业的事故教训及应急工作经验。在完成上述准备工作之后，进入应急预案的编制过程，具体的编制步骤可分为以下六方面：

（1）成立应急预案编制小组。必须要有一个统一的领导机构来进行实际的编制工作，这个编制组的组成，对于企业而言，必须要包括各有关部门的人员来进行编制，而且这个组长通常是负责人，他必须起到实际的具体指挥行动的作用，具体负责人要是说话算数的人，否则编制出来的应急预案也不能够得到实施。

（2）资料收集。在应急预案编制小组成立以后，按照编制的要求去收集相关的资料，包括企业用到的各种设备的安全使用情况、应急资源的准备情况、危险点的评价情况。

（3）危险源辨识和风险分析。这是一个重要的步骤，要进行危险源的辨识，然后在它的基础上进行风险评价分析。风险分析是编制好企业应急预案的基础和关键过程，任何企业编制应急预案都不能跨越这个阶段。

（4）应急能力的评估。根据现有的条件，应急能力到底有多大，我们对此要有一个总体的认识，即摸清家底。首先要认清自己，不要过高，也不要过低，然后估计自己的实际情况编制程序。应急能力包括应急资源和应急人员的技术、经验、接受的培训等，应急资源主要包括应急人员、应急装备和物资等。

（5）具体的编制。具体的编制工作就是按照编制的框架要求，一步步地把应急预案编写下来的程序。

（6）应急预案的评审、发布与实施。完成应急预案的编制以后，一定要经过评审，包括内部评审和外部评审。所谓内部评审，就是企业编制了一个应急预案以后，召集有关部门的有关人员（一般都是负责人）做一次评审，看他们对这个应急预案是否同意、是否认可，这个应急预案有什么缺陷。如果认为可以了，就对大家都具有约束力了。所谓外部评审，是指政府应急预案，它的评审必须邀请有关专家和部门的人员来进行。

评审完成以后，如果通过了，就要进行发布，这个发布必须要针对所有应急预案涉及的有关人员。

实施包括配备相关的机构和人员，配备有关的物资，进行应急预案的演练、培训等后续的一系列工作。

10.3.3 煤矿企业应急预案的基本要求

煤矿企业应急预案的编制是一项涉及面广、专业性强的工作，是一项复杂的系统工程。应急预案的编制必须以科学的态度，在全面调查的基础上，实行领导与专家相结合的方式，开展科学分析和论证，使应急预案真正具有科学性，符合使用对象的客观情况，具有实用性和可操作性。

（1）应急预案要有针对性。

① 针对重大危险源。从广义上说，可能导致重大事故发生的危险源就是重大危险源。煤矿井下重大危险源的辨识以矿井为单元，辨识依据是矿井可能发生的重大事故风险大小，主要包括透水危险性，大面积坍塌危险性，自然发火危险性，冲击地压危险性，爆炸危险性，大量有毒、有害气体涌出危险性等。

② 针对可能发生的各类事故。应急预案是针对可能发生的各类事故预先指定的行动计划。不同企业发生的事故类型可能不同，应急预案也存在一定的差异。

③ 针对关键的岗位和地点。不同生产岗位所存在风险的大小往往不同，针对这些关键的岗位和地点，应编制岗位应急预案，如放炮员岗位应急预案等。

④ 针对薄弱环节。例如，对煤矿冲击地区和突出危险区进行定期的检测、评估和监控，了解它与地质构造的关系及其分布现状，制定相应的专项应急预案。

（2）应急预案要有科学性。制定的方案要科学，决策程序要科学，处置方法要科学，实现手段要先进，要有模拟试验结果做支撑，要充分发挥专家作用，要吸取历史的经验和教训。例如，对火灾和瓦斯煤尘爆炸的风流控制，一定要遵照灾情的发展和风流流动的客观规律进行处置。

（3）应急预案要有完整性。应急预案要素完整；应急过程完整；适用范围完整。

（4）应急预案要有实用性和可操作性。应急预案应具有实用性和可操作性。当发生重大事故时，有关应急组织、人员可以按照应急预案的规定迅速、有序、有效地展开应急与救援行动，降低事故损失。为确保应急预案的实用性和可操作性，编制应急预案时要充分分析、评估本单位可能存在的重大危险源及其引发事故的后果。例如，对冒顶事故或水灾造成隔离区遇险人员的救援，根据本矿救援技术和救援能力来选择是采用撞楔法，还是采用打大直径钻孔建立救援通道的救灾措施。

有关"煤矿企业应急预案的编制"的知识，感兴趣的同学可以参阅国家安全生产应急救援指挥中心编写的《煤矿企业应急预案编制指南》。

10.3.4　煤矿企业应急预案的演练

根据相关法律、法规的要求，为适应矿井突发事故应急救援的需要，通过演练，进一步加强煤矿事故应急指挥部和各部门之间的协调配合，提高应对突发事故的组织指挥、快速响应及处置能力，营造安全、稳定的氛围。应急预案演练是针对假设事件，执行实际突发事件时各自职责和任务的排练活动，能有效地检测应急管理工作，验证应急预案的有效性，发现应急预案的不足之处，及时纠正，加以改进。

1. 应急预案演练的类型

根据我国煤矿企业重大事故应急管理体制和应急救援具体工作的要求，一般采用以下三种演练方式：

（1）桌面演练。桌面演练是指由应急组织的领导者、指挥人员和关键岗位人员参加，按照应急预案及其运作程序，讨论和论证在应急状态下，各部门、各类救援人员采取的运行准备和运行活动的演练。桌面演练的特征是在地面会议室内假想模拟事故现场的情景，进行互相提问，采用口头演练或多媒体计算机的演练。

例如，通过救灾专家系统对灾区的救灾方案、灾区通风系统的分流流动规律、灾区通风系统被破坏后瓦斯积聚的演变过程，以及避灾逃生路线的选择和优化等方面的问题进行讨论与分析，做出有意义的结论。

（2）功能演练（专项演练）。功能演练是指针对某项应急响应功能或其中某些相应的活动而举行的演练。功能演练一般在应急指挥中心举行，同时可在现场实际生产条件下进行，调用有限的应急设备，其主要目的是针对不同的应急响应功能，检验相关的应急救援人员和应急指挥协调机构的测绘和相应能力。

例如，指挥和控制功能的演练，其目的是检验和评价多个部门协调下，在一定紧急环境条件下集权式的应急运行和及时响应的能力。

（3）全面演练。全面演练是指针对应急预案中全部或大部分的应急响应功能，检验和评价应急组织的应急能力和运行能力的演练活动。全面演练应尽量在矿井的真实场景中进行，演练需要更长的时间，动员更多的组织和人员参与。演练过程采取交互方式进行，调动更多的资源，开展人员、设备和其他资源的实战型演练，以展示相互协调的应急响应能力。

例如，矿井的反风和局部反风演练，以判断风流反转的能力、反风的数量及设施的完备状态，检验反风的目标效果。

2. 应急预案演练的目标与要求

应急预案演练的目标是通过培训、演练、评估和改进等手段，提高应急预案的综合应急能力；说明应急预案的各个部分或整体是否有效地付诸实施；验证应急预案应对可能出现的各种特殊情况的适应性，找出应急预案的编制工作中可能需要改善的地方，以提高应急预案的救援水平。

进行事故应急预案演练的要求可以归纳如下：

（1）熟悉灾害特征。应急人员应通过演练，熟悉并掌握煤矿事故灾害的特征。这样才能在灾害事故真正发生时，做出正确的判断，找出灾害发生的根源，并进行应急处理。例如，对火灾的处置，应迅速判断火源的位置和灾情的发展，有效地控制风流方向和风量大小，达到防止瓦斯积聚和消除瓦斯爆炸的目标。

（2）熟悉职责和任务。参加应急救援演练的每个救援人员，通过演练，明确各自的职责和岗位的任务，并分清相关组织及各个人员的职责和任务，改善不同组织与个人之间的协调和相互配合问题。

（3）检验指挥能力。事故发生后，启动应急预案对施工进行应急处置。根据煤矿事故的灾情和安全生产的要求，提出正确的应急救灾方案，采取紧急处置措施。通过演练的正确指挥，可以获得大众的认可和信心，增强指挥人员操作的熟练性，提高工作的信心，并且可以检验和提高应急救援系统的指挥与领导能力。

（4）检验救援行动。

（5）检验应急救援的整体能力。

（6）检验应急预案中的缺失与问题。

3. 应急预案演练的准备工作

为使演练工作顺利进行，并达到演练的目标，必须做好演练前的一切准备工作。准备工作包括组建好应急预案演练组织和领导、确定演练目标和范围、编写演练方案、制定演练现场规则和安排好参加演练人员的培训等。

10.4　煤矿重大事故与应急救援案例及分析

10.4.1　特别重大瓦斯爆炸事故案例及分析

2009 年 2 月 22 日 2 时 20 分，山西省某矿井下发生一起特别重大瓦斯爆炸事故，造成78 人死亡、114 人受伤。

1. 事故矿井概况

事发矿井的原设计生产能力为 4 兆吨/年，经过 2004 年度生产环节能力改造，核定生产能力为 5 兆吨/年，2008 年原煤产量为 4.62 兆吨。矿井含可采煤层 13 层，现开采上组的 2 号、3 号煤层和下组的 8 号煤层。

（1）基本参数。该矿井主采 2 号、3 号、8 号煤层，全矿井瓦斯等级鉴定结果如下：绝对瓦斯涌出量为每分钟 229.81 立方米，相对瓦斯涌出量为每吨 26.99 立方米，矿井属于高瓦斯矿井；煤尘具有爆炸性，煤层自然倾向性等级为Ⅰ级，属于容易自燃煤层。

（2）通风系统。矿井采用分区抽出式通风。有 6 个进风井，4 个回风井。矿井总进风量为每分钟 38 504 立方米，总回风量为每分钟 38 730 立方米。各盘区均设置专用回风巷。回采工作面采用"二进一回"（皮带巷、轨道巷进风，尾巷回风）的通风方式，尾巷后部独头巷道采用大功率局部通风机供风稀释瓦斯；掘进工作面全部采用大功率对旋式局部通风机，使用"三专两闭锁"和"双风机双电源自动切换"装置，并配套大直径强力风筒。

（3）瓦斯抽放系统。该矿地面抽采泵站安装 3 台 2BEC - 62 型水环式真空泵，电动机的功率为 500 千瓦，一用两备。矿井瓦斯抽放率为 25% ~ 30%。采用的抽采方法有邻近层抽采、本煤层抽采、采空区密闭抽采等。

（4）安全监控系统。该矿使用的 KJ - 90 型安全监测监控系统有分站 42 台，瓦斯传感器 133 台，一氧化碳传感器，风速传感器，开停传感器，负压、温度传感器等各类传感器，不断地对井下各种安全参数及生产状态进行测定，并上传至中心站。总回风巷、串联回风巷、瓦斯抽放泵房以及其他瓦斯涌出地点均装有瓦斯传感器。

2. 事故概况

（1）事故发生及抢救经过。2009 年 2 月 22 日 2 时 20 分，矿调度室值班员发现井下瓦斯监控系统信号中断，随即查找原因。2 时 23 分，调度员接到风机房人员汇报："风机房的防爆门被吹掉，不明原因。"调度员立即汇报给矿领导，矿长在接到电话时指示立即停掉南四盘区的动力电，并下令南四盘区所有的工作人员撤到地面，并开始组织自救。3 时 16 分，接到命令，2 个救护小队立即出动，到达事故现场进行救援，随后又有 18 个救护小队 224 名救护队员到现场救援。事故发生后，井下全部作业人员 436 人，升井 358 人，遇难 78 人。

（2）结论。该事故发生在南四盘区 12403 综采工作面区域，该工作面开采 2 号、3 号煤层，煤层厚度为 4.26 米，采用综合机械化采煤方法，一次采全高，工作面绝对瓦斯涌出量为每分钟 37.77 立方米，瓦斯抽放率为 44.13%。采用"二进一回"的通风方式。在 1 号联络巷安装有 2 部 30 千瓦的局部通风机和 4 台风机开关向工作面尾巷 14 号联络巷密闭施工点供风，在 1 号联络巷靠尾巷侧约 6 米处设一堵料石密闭墙，密闭墙上设有一个调节风窗。2 月 22 日 2 时 17 分，12403 工作面发生瓦斯爆炸。爆炸时间为 2009 年 2 月 22 日 2 时 20 分。事故发生的直接原因如下：12403 工作面 1 号联络巷微风或无风，局部瓦斯积聚，达到爆炸浓度界限。引爆瓦斯的火源是 12403 工作面 1 号联络巷风机开关内的爆炸生成物冲出壳外，引爆壳外瓦斯。爆炸破坏瓦斯抽放管路，管路内的瓦斯参与爆炸并沿瓦斯抽放管路传爆。

3. 教训

（1）局部通风机及开关装设在连接进、回风巷的 1 号联络巷，该巷处于微风或无风状态，这是造成瓦斯积聚的重要原因。开关等电气设备应设置在全风压进风处，若不能满足该要求，应设置甲烷传感器。该矿 4 台电气开关设置在 12403 工作面 1 号联络巷，既不设置甲烷传感器，也不安排瓦检员检查瓦斯。

（2）调高了瓦斯报警浓度和断电浓度。空气中甲烷气体的爆炸界限一般是 5% ~ 16%，当混入一氧化碳、硫化氢等其他可燃性气体和煤尘后，爆炸下限会下降至 4%。回风巷瓦斯报警和断电浓度应为 1.0%，符合下列条件时，可提高至 1.5%。

① 装有煤矿安全监控系统的机械化采煤工作面。

② 经抽采和增加风量已达到最高允许风速，其瓦斯浓度仍不能降至 1.0% 以下。

③ 工作面的风流控制必须可靠。

④ 必须保持通风巷的设计断面。

⑤ 必须配有专职瓦检员。

瓦斯报警浓度和断电浓度的确定考虑了时间的滞后。

① 瓦斯运移时间。

② 传感器反应时间。

③ 监控系统传输和处理时间等。

瓦斯报警浓度和断电浓度的确定考虑了瓦斯空间分布的不均匀性：传感器的吊挂位置不一定是瓦斯浓度最高的位置。该矿 12403 工作面将回风巷作为专用排瓦斯巷管理，瓦斯报警值和断电值由 1.5% 调高至 2.5%，实测瓦斯浓度长时间超过 1.5%。

（3）减少了煤矿安全监控系统的中间环节。事故前，瓦斯监测数据多次中断，如图 10 - 5 所示。

通过上面的分析可以看出，事故矿并没有把瓦斯治理的十六字体系落到实处。

"通风可靠"不落实：1 号联络巷微风或无风，造成瓦斯积聚等。

"抽采达标"不落实：12403 工作面回风巷瓦斯浓度长期超过 1.5%，大于 1.0% 的要求等。

"监控有效"不落实：一是 1 号联络巷设置有电气开关等，但没有设置甲烷传感器；二是将 12403 工作面回风巷瓦斯报警浓度和断电浓度调高至 2.5% 等。

"管理到位"不落实：电气开关失爆等。

通风、瓦斯抽采（放）和监控是瓦斯防治的有效措施。其中，通风和监控适用于低瓦斯、高瓦斯和煤与瓦斯突出的各类矿井。高瓦斯和煤与瓦斯突出矿井的瓦斯防治，除应采取通风和监控措施以外，还要进行瓦斯抽采（放）。

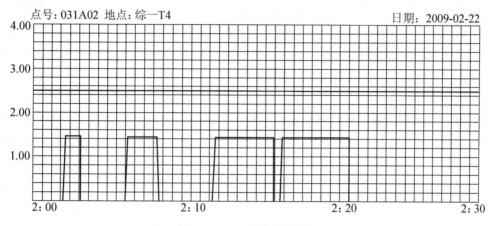

图 10 - 5　瓦斯监测数据图

10.4.2　煤尘爆炸事故案例及分析

2005 年 11 月 27 日 21 时 40 分，黑龙江省某煤矿发生煤尘爆炸事故。事故发生时，共有 244 人在井下作业，该矿难共造成 171 人遇难（井下 169 人，地面 2 人）。

1. 事故矿井概况

该煤矿于 1956 年建井，1972 年建矿，年核定生产能力为 50 万吨，实际生产能力为 50 万吨/年。该矿为高瓦斯矿井，绝对瓦斯涌出量为每分钟 22.28 立方米。通风方式为中央分列式，共 5 条井筒，4 个风井，矿井总入风量为 6 442 立方米/分钟。各煤层煤尘爆炸指数高达 32.3% ~ 35.2%，具有强爆炸性。矿井地面设有一处防尘和消防用水储水池。井下静压水池共计 3 座，防尘管路总长度约为 22 000 米，井下喷雾点有 110 处，隔爆设施有 22 处。皮带斜井、275 皮带巷及井底煤仓虽然安装了防尘设施，但由于受冻害影响，没有实现正常的洒水消尘。

2. 事故概况

（1）事故发生经过。2005 年 11 月 27 日 21 时 40 分，该煤矿发生井下煤尘爆炸事故，事故发生时，共有 244 人在井下作业。据煤矿值班领导总工程师介绍，当晚 21 时许，他听到一声巨响，随即便中断与井下通信。派人查看后发现，皮带机房已被摧毁，井颈塌陷。同时，主扇已停止运转，防爆门及反风设施被严重破坏。经过紧急抢修，22 时 40 分，地面供电系统恢复供电，由于主扇受到爆炸冲击，风门及防爆门受损，经过修复，28 日 3 时 25 分，矿井主扇正式启动。当时判断可能是井下发生了爆炸事故，并立即组织力量进行事故抢险救灾。

（2）救灾方案的制定和实施。事故发生后，立即成立抢险救灾指挥部，启动事故应急预案，制定抢险救灾工作实施方案：紧急调集救护队应急队伍；实施抢修地面供电系统和主要通风机及附属设施；救护队进入灾区侦察并搜救遇险人员，使其安全升井；使主通风机恢复运转；救护队进入井下灾区，到一、二、三采区搜救遇险人员，排查遇难人员；分别在井上、井下设置救灾指挥基地，救护大队领导在井下指挥；恢复灾区通风系统，构建临时通风设施；设置矿工队伍指挥部，负责搬运遇难人员，将其运出井外；清点遇难人员人数，继续搜救未找到人员；对 30101 掘进工作面进行气体测定和化验分析；恢复井下掘进，供风、供电；恢复灾区掘进排放瓦斯等工作方案。在抢险救灾期间，有 38 个救护小队共 398 名救护队员参加了抢险救灾工作，共抢救井下遇险矿工 73 人。至 12 月 5 日，169 名井下遇难矿工遗体全部被找到并升井，抢险救灾工作结束。

（3）救护队救援过程分析。矿井发生事故后，在救灾指挥部的领导下，成立救护队内部救灾指挥部、救护行动指挥部，统一指挥和安排救护队的行动。矿方安排熟悉井下生产、技术、通风、机电情况和后勤保障人员在指挥部待命，并随时提供技术资料和物资供应。

救护总指挥迅速召集各队负责人了解现场情况，并做了详细分工，专职看电话，专职记录员，并科学、果断地制定行动方案和紧密的工作程序，救援工作正式启动。

首先建立畅通的井下通信系统，这对行动指挥至关重要。救灾指挥部成立后，根据事故类别和井下灾害程度，建立井下救援基地，安排救护队指挥员在井下跟班指挥，传达地面指挥部的命令，根据救灾需要，具体安排救护队的行动。在事故波及的三个采区，每个大队负责一个采区的侦察任务，在井下基地留守一个待机小队。基地储备一定数量的救护装备和板材、水泥、风筒、风机等必要物资，进入灾区的小队携带灾区电话和井下基地保持联系，井下基地和地面指挥部保持通信畅通，快速反映灾区情况。

指挥科学，按救护规程操作，避免时间上的浪费和人力、物力的消耗。救灾行动指挥部决定采取集中兵力，分区、分段抢救，地毯式搜救。已走过的路线全部标注在工程示意图上，每个队用不同的颜色，以示区别，各队不走冤枉路和重复路，争取了宝贵的时间，提高了工作效率和救灾水平。

（4）救援过程中遇到问题的处理。煤仓口冒烟处理：煤仓着火，侦察小队发现煤仓向外冒烟，立即汇报井下基地指挥部，井下基地领导立即决定对煤仓气体进行检测。当确定无爆炸危险后，立即组织队伍用帽斗装水，将煤仓内的余火浇灭。

（5）事故的直接原因是违规放炮处理 275 皮带巷主煤仓堵塞，导致煤仓给煤机垮落、煤仓内的煤炭突然倾出，带出大量煤尘，并造成巷道内的积尘飞扬达到爆炸界限，放炮火焰引起煤尘爆炸。

3. 教训和建议

本案例中的救护队应急救援工作是成功的，但也存在值得改进之处。

（1）事故抢救成功的经验和做法。形成了指令通畅、指挥科学、措施得当、保障有力的救援指挥系统；各队之间协同作战、互通有无、紧密支援、全心全力并肩作战是这场救援圆满成功的关键；先进的新装备为救援行动提供了重要的技术保障；有一支高素质的救护队伍是救援工作的有力保证；建立一套系统完备、科学有序的工作程序，是避免失误、圆满完成救灾任务的关键；主要领导和技术领导亲临一线靠前指挥，对救援工作的顺利开展起到了极大的推动作用；事故救援工作的各个分组密切配合、密切合作，为救援工作提供了有力的后勤保障。

（2）存在的问题及教训。有一部分新装备在投入实战中的效果不明显；救援体制没有形成自上而下、垂直管理、行动迅速的体系；信息反馈沟通不力，事故发生后，不能第一时间通知救护大队，对整个救援工作产生了一定的影响。

（3）建议。各区域救护队伍应每年组织一次跨区域联合演习，促进各队技术水平的提高，增强实战能力；平时队伍的演习、训练等应尽量选择适当的井口巷道，多熟悉井下情况，拓展队员的

扫描二维码，可查阅更多的事故案例。

知识面，提高业务水平；多举办全员参加的活动，促进身体素质的提高；救护队员在培训训练中，要制定出一套结合本地区矿井实际情况的教材，有针对性地进行学习训练。

10.5　煤矿重大危险源辨识

煤矿井下生产条件复杂多变，作业环境差，自然因素和人为因素多。重大危险源的辨识与评价对生产的本质安全有重大作用。

10.5.1　煤矿重大危险源

1. 煤矿重大危险源的概念

危险源是指一个系统中具有潜在能量和物质释放危险的，可造成人员伤害、财产损失或环境破坏的，在一定的触发因素作用下可转化为事故的部位、区域、场所、空间、岗位、设备及其位置。例如，从全国范围来说，作为危险行业的煤矿就是一个危险源。

重大危险源是指长期或临时生产、加工、搬运、使用或储存危险物质，且危险物质的数量等于或超过临界量的单元。

根据上述重大危险源的概念及其界定思路，将煤矿重大危险源定义如下：可能导致煤矿重大事故的设施或场所。根据能量意外释放理论，煤矿井下的危险源可分为第一类危险源和第二类危险源等。第一类重大危险源（危险物质）是指在煤矿井下生产系统中，有发生重大生产事故可能性的危险物质、设备、装置、设备或场所；第二类重大危险源（限制、约束）是指因导致约束、限制第一类危险源的措施失效或被破坏而有可能发生重大生产事故的各种不安全因素。第一类危险源是系统发生事故的内因。任何系统的运行都离不开能量，如果能量失控，发生意外释放，就会转化为破坏性力量，可能导致系统发生事故，造成破坏性后果。因此，能量失控是系统发生事故的主要原因。第二类危险源辨识主要从人的因素的角度进行。人的不安全行为是人失误的主要组成部分，主要包括以下几方面：未经许可进行操作，忽视安全、忽视警告；冒险作业或高速操作；人为地使安全装置失效；使用不安全设备，用手代替工具进行操作或违章作业；不安全地装载、堆放、组合物体；采取不安全的作

业姿势或方位；在有危险的运转设备装置或移动的设备上进行作业；不停机，边工作边检修；注意力分散，嬉闹、恐吓等。

2. 煤矿重大危险源的特性

（1）煤矿重大事故波及范围一般局限于矿井内部。

（2）在煤矿重大事故中，导致人员和财产重大损失的根源，既有井下采掘系统内的危险物质与能量，如瓦斯、易自燃的煤、具有爆炸性的煤尘，也有系统外失控的能量和物质等。

学习活动1 危险源辨识

[活动目标]

根据煤矿重大危险源分类中的第一类危险源，分析煤矿生产中属于第一类危险源的危险物质。

[活动时间]

约30分钟。

[活动步骤]

1. 阅读文字教材中"10.5.1 煤矿重大危险源"的内容，找出描述危险源实质的关键语句，在其下面画线。

2. 登录IP课件（三分屏），进入煤矿重大危险源的讲解部分，熟悉煤矿重大危险源的相关内容。

3. 明确煤矿重大危险源的分类，收集相关的煤矿生产数据。

4. 选择某一煤矿为主要数据收集对象。

例如，危险物质瓦斯。掘进工作面和回采工作面上的隅角、顶板冒落的空洞、老空区、底风速巷道的顶板附近、采掘机械切割部附近、报废和临时停工的独头巷道及采空区边界等处的瓦斯易积聚，作为重大危险源。

5. 绘制表格总结。

[反馈]

第一类危险源是系统发生事故的内因。任何系统的运行都离不开能量，如果能量失控发生意外释放，就会转化为破坏性力量，可能会导致系统发生事故，造成破坏性后果。因此，能量失控是系统发生事故的主要原因。

（3）煤矿重大危险源是动态变化的。随着工作面的推进、采区的接替、水平的延深，不仅井下工作地点发生了变化，而且地质条件、通风状况、工作环境等都可能发生改变，进而可能使危险源的风险等级发生改变。

（4）煤矿重大危险源的危险物质和能量在很多情况下是逐渐积聚或叠加的。例如，在通风不良的情况下，瓦斯浓度可由 0 积聚到爆炸下限 5%，甚至到燃烧浓度 16% 以上。又如，老空区、废旧巷道的积水，回采工作面的矿山压力的逐步增大等。

由于煤矿重大危险源有以上特性，煤矿重大危险源在其内涵及外延上与其他工业领域的重大危险源有着很大的不同。首先，煤矿重大危险源很难由某种危险物质或能量的一个临界量来完全判定。例如，评价一个煤矿是否是瓦斯爆炸事故的重大危险源，不能仅根据煤矿井下瓦斯的某一临界量指标判定，因为只要是瓦斯矿井，就有可能发生瓦斯爆炸，一旦发生瓦斯爆炸事故，后果都是灾难性的。因此，可以说，只要是瓦斯矿井，不管高瓦斯矿井还是低瓦斯矿井，都可以判定为瓦斯爆炸事故重大危险源，其差别会反映在风险等级的不同上。又如，对煤矿火灾事故，不能仅以井下某一种可燃物的量来确定火灾事故的后果；对煤矿水灾事故，不能仅以可进入井下的水的量来确定水灾事故的后果；等等。

10.5.2　煤矿重大危险源的辨识

煤矿重大危险源的辨识必须依据其定义，即"煤矿重大危险源是指可能导致煤矿重大事故的设施或场所"，着重考虑煤矿存在的重大事故危险类别，而将存在的危险物质及其数量作为参考因素。从这一角度出发，煤矿重大危险源的辨识主要是辨识煤矿可能发生的各类重大事故。煤矿瓦斯爆炸事故、火灾事故、顶板事故、突水事故、煤尘爆炸事故、煤与瓦斯突出事故等都会产生灾难性的后果。因此，只要一个煤矿存在瓦斯爆炸事故危险性，就可以确定它为瓦斯爆炸重大危险源；存在火灾事故危险性，就可以确定它为火灾重大危险源；其他依此类推。也就是说，对于一个煤矿，只要存在发生某种重大事故的危险性或可能性，即可确定它为该种事故的重大危险源。

1. 煤矿重大危险源评价单元划分

在危险源评价的具体实施过程中，根据不同层次管理的重点和要求，往往将评价对象按照某种原则进行分解，即把一个复杂的系统划分为数个相对独立，便于评价操作、灾害控制、安全管理的单元，分别进行评价后，再合成各单元的评价结果。这种对评价对象的分解又叫作评价单元划分。

对于煤矿生产系统，有一些在空间上相对独立的子系统，如采煤工作面、掘进工作面等；再大一些，如采区、水平、煤层等。这些子系统不但在空间上具有相对独立性，而且在事故致因上具有一定的独立性。因此，在实施煤矿重大危险源评价时，可将这些子系统划分成评价单元，从而有益于评价的操作。

煤矿重大危险源进行评价单元划分时应遵循以下原则：

（1）评价单元在空间上具有相对独立性。

（2）评价单元在生产工艺上具有相对独立性。

（3）评价单元在事故致因上具有一定的独立性。

（4）在评价单元内，大多数评价指标有一个确切的、稳定的取值。

（5）评价单元之间的事故影响要尽可能小。

应该注意的是，不管以工作面、采区还是以水平、煤层来划分评价单元，它们都不是生产过程中独立的系统。这些评价单元内发生事故与否，不仅仅与评价单元内的因素有关，在很大程度上还受到整个煤矿的采掘、通防、供电、提运、排水等系统的影响。如果全矿各生产系统不合理、不可靠，那么也不可能有安全的工作面或采区。因此，在评价工作面或采区的危险性时，有很多的工作是评价煤矿各生产系统的合理性和可靠性。

2. 煤矿重大危险源危险等级划分

为了明确地表征危险程度，通过危险评价，需要得到能够反映评价对象发生事故危险性大小的一个相对数值，然后根据危险程度的分级方法和标准，把评价结果变成危险等级，以明确区分评价结果多大时是相对安全的、多大时是比较危险的。根据煤矿重大危险源分级管理的需要，必须按煤矿重大危险源危险性的大小分成不同的危险等级，以利于不同层次的管理部门分别进行重点管理。

危险等级可分为五级：Ⅰ级重大危险源、Ⅱ级重大危险源、Ⅲ级重大危险源、Ⅳ级重大危险源、Ⅴ级重大危险源。当然也可划分为四级或三级，原则是分级方法和标准要结合评价方法和危险源分级管理的实际需要来确定，要尽量反映评价对象实际的安全状况或危险程度。

3. 煤矿重大危险源危险性与评价单元危险性之间的关系

一个煤矿可能划分为若干个评价单元，每个评价单元都有一个评价结果。下面讨论如何根据各评价单元的评价结果来得出整个煤矿的危险性评价结果。

一种方法是把各个评价单元的评价结果分值相加之和或加权平均值作为煤矿重大危险源的危险评价结果，这显然是不可取的。因为对于一个煤矿生产系统来说，系统内有危险的评价单元，也有相对安全的评价单元，而整个煤矿的危险程度取决于较危险的，特别是最危险的评价单元，而安全、较安全的评价单元对全矿危险程度的影响不大。把评价结果分值简单相加或取平均值，忽略了高危险评价单元对全矿危险程度的决定性影响，可能会掩盖煤矿真实的危险程度。

另一种方法是用最危险的评价单元代表整个煤矿的危险性。这种方法相对合理一些，但也有其片面之处，即无法反映出较危险的评价单元的个数给全矿危险评价带来的影响，因而反映不出采掘工作面越多，危险程度可能会相应越大的情况。

根据以上分析，要确定整个煤矿的危险等级，应综合考虑上述两种方法的优点，以取最危险评价单元的危险等级作为全矿的危险等级的方法为主，同时考虑各评价单元的危险等级及评价单元的数量对全矿危险等级的影响，从而得出相对合理的煤矿重大危险源危险等级的划分结果。

本章小结

【煤矿事故应急管理与重大危险源辨识】

❖ 灾害性事件的应急管理

- ✓ 描述灾害性事件的概念
- ✓ 描述灾害性事件现场应急管理
- ✓ 描述重要目标区救援预案

❖ 煤矿事故应急管理

- ✓ 描述煤矿事故应急管理的主要特点
- ✓ 阐述煤矿事故应急管理的基本任务

❖ 煤矿企业应急预案的编制

- ✓ 叙述煤矿企业应急预案体系的构成
- ✓ 阐述煤矿企业应急预案编制的步骤
- ✓ 描述煤矿企业应急预案的基本要求
- ✓ 叙述煤矿企业应急预案的演练

❖ 煤矿重大危险源辨识

- ✓ 叙述煤矿重大危险源的概念和内涵
- ✓ 阐述煤矿重大危险源的辨识

自 测 题

一、选择题

10-1 应急响应是指在事故发生后立即采取的应急与救援行动，其中包括（   ）。

A. 应急队伍的建设　　　　　　　B. 信息收集与应急决策

C. 事故损失评估　　　　　　　　D. 应急物资的准备

10-2 在应急管理中，（   ）阶段的目标是尽可能地抢救受害人员、保护可能受威胁的人群，尽可能控制并消除事故。

A. 应急预防　　　B. 应急准备　　　C. 应急响应　　　D. 应急恢复

10-3 综合应急预案中的预防与预警包括危险源监控、预警行动、（   ）。

A. 信息上报　　　B. 信息传递　　　C. 信息报告与处置　　D. 信息分析

10-4 井下发生瓦斯爆炸时会有强大的爆炸声和连续的空气震动，产生高温气浪和大量有毒、有害气体，此时应（   ），寻找避灾路线进入新鲜风流区域。

A. 背向空气震动的方向　　　　　B. 深呼吸

C. 保持原地不动　　　　　　　　D. 朝向空气震动的方向

10 - 5　生产经营单位制定的应急预案应至少每（　　　）年修订一次，应急预案修订情况应有记录并归档。

　　　　　　A. 1　　　　　　　　B. 2　　　　　　　C. 3　　　　　　　　D. 4

二、判断题

10 - 6　重大危险源与重大事故隐患是一回事。　　　　　　　　　　　　　（　　）

10 - 7　在应急救援预警中，红色是最低预警级别。　　　　　　　　　　　（　　）

10 - 8　煤矿企业每两年必须组织一次应急救援演练。　　　　　　　　　　（　　）

三、名词解释

10 - 9　应急预案

10 - 10　应急管理

四、简答题

10 - 11　煤矿事故应急预案的核心内容包含哪些？

10 - 12　简述应急救援的原则。

五、论述题

10 - 13　试论述如何评价灾害救援技术的可操作性。

第11章　现代安全管理方法的新发展

导　　言

运用现代安全管理方法指导安全生产工作，可以减少和杜绝事故发生，逐步提高企业的本质安全水平。因此，探索一些先进的管理方法，研究这些管理方法与安全管理的结合已成为人们关注的焦点。

本章将要学习现代安全管理方法的新发展。在现代众多的管理方法中，6σ 安全管理、5S 管理、行为安全管理具有广泛的适用性。

本章在内容安排上，首先介绍各类现代安全管理方法的产生，然后在此基础上重点讨论各种管理方法的应用。学习这些内容对于实际工作中更好地运用安全管理理论和方法具有很好的实用价值。

学习目标

认知目标

1. 叙述 6σ 管理方法的产生。
2. 阐述 6σ 安全管理方法的实施原则。
3. 叙述 6σ 安全管理方法的实施步骤。
4. 叙述 5S 管理的产生和内涵。
5. 阐述 5S 管理的效用。
6. 描述 5S 管理的推行步骤。
7. 描述 BBS 行为安全管理方法。

技能目标

结合煤矿生产实际，在煤矿生产中应用现代安全管理的理念和方法。

情感目标

对煤矿安全管理的相关知识产生兴趣，相信自己能够选择恰当的管理方法和管理理念，为煤矿安全管理提供有力的技术支撑。

11.1　6σ 安全管理

11.1.1　6σ 管理方法的产生

1. 6σ 的定义

6σ 是一项以数据为基础、追求几乎完美的管理方法。在统计学中，6σ 用来表示标准偏差，即数据的分散程度。对连续可计量的质量特性，用 σ 度量质量特性总体上对目标值的偏离程度，几个 σ 是一种表示质量的统计尺度。任何一个工作程序或工艺过程都可以用几个 σ 表示。6σ 表示每一百万个机会中有 3.4 个出错的机会，即质量的合格率是 99.999 66%，而 3σ 的合格率只有 93.32%。

6σ 管理方法的重点是将所有工作作为一种流程，采用量化的方法分析流程中影响质量的因素，找出最关键的因素加以改进，从而达到更高的客户满意度。

6σ 在 20 世纪 90 年代中期开始从一种全面质量管理方法演变为一种高度有效的企业流程设计、改善和优化技术，并提供了一系列同等适用于设计、生产和服务的新产品开发工具。继而与全球化、产品服务、电子商务等战略齐头并进，成为全世界追求管理卓越性的企业采用的最为重要的战略举措。6σ 逐步发展为以顾客为主体来确定企业战略目标和产品开发设计的标尺、追求持续进步的一种质量管理哲学。

2. 6σ 的发展史

6σ 最早作为一种突破性的质量管理战略于 20 世纪 80 年代末在摩托罗拉（Motorola）公司成形，并付诸实践。三年后，该公司的 6σ 质量战略取得了空前的成功：产品的不合格率从百万分之 6 210（大约 4σ）减少到百万分之 32（5.5σ），在此过程中，节约的成本超过 20 亿美元，平均每年提高生产效率 12.3%，因质量缺陷造成的损失减少了 84%，摩托罗拉公司因此取得了巨大成功，成为世界著名的跨国公司，并于 1998 年获得美国鲍德里奇国家质量管理奖。

真正把 6σ 的质量战略变成管理哲学和实践，从而形成一种企业文化的是在杰克·韦尔奇领导下的美国通用电气公司（General Electric Company，GE）。该公司从 1996 年年初开始把 6σ 作为一种管理战略列在其三大公司战略举措之首（另外两个分别是全球化和服务业），在公司全面推行 6σ 的流程变革方法。GE 公司由此所产生的效益每年以加速度递增：每年节省的成本为 1997 年 3 亿美元、1998 年 7.5 亿美元、1999 年 15 亿美元；利润率从 1995 年的 13.6% 提升到 1998 年的 16.7%。时代 GE 公司总裁的韦尔奇说："6σ 是 GE 公司历史上最重要、最有价值、最盈利的事业。我们的目标是成为一个 6σ 公司，这将意味着公司的产品、服务、交易零缺陷。"6σ 管理模式在摩托罗拉和 GE 两大公司推行并取得立竿见影的效果后，立即引起了世界各国的高度关注，各大企业也纷纷效仿、引进并推行 6σ 管理，从而在全球掀起了一场"6σ 管理"的浪潮。

11.1.2　6σ 安全管理的执行成员

6σ 安全管理的一大特色是要创建一个实施组织，以确保企业提高绩效活动具备必需的资源。在一般情况下，6σ 管理的执行成员组成如下：

（1）倡导者（Champion）。倡导者由企业内的高级管理层人员组成，通常由总裁、副总裁组成，他们大多数为兼职。一般会设 1~2 位副总裁全面负责 6σ 的推行。其主要职责为调动公司的各项资源，支持和确认 6σ 的全面推行，决定"该做什么"，确保按时、保质完成既定的安全目标。倡导者管理并领导黑带大师和黑带。

（2）黑带大师（Master Black Belt）。黑带大师与倡导者一起协调 6σ 项目的选择和培训，黑带大师为 6σ 全职人员。其主要工作为培训黑带和绿带，理顺人员，组织和协调项目、会议、培训，收集和整理信息，执行和实现由倡导者提出的"该做什么"的工作。

（3）黑带（Black Belt）。黑带为企业全面推行 6σ 的中坚力量，负责具体执行和推广 6σ，同时负责培训绿带。在一般情况下，一名黑带一年要培训 100 名绿带。黑带也为 6σ 全职人员。

（4）绿带（Green Belt）。绿带为 6σ 兼职人员，是公司内部推行 6σ 众多底线安全项目的执行者。他们侧重于 6σ 在每日工作中的应用，通常为公司各基层部门的负责人。6σ 占其工作的比例可视实际情况而定。

以上各类人员所占的比例一般为每 1 000 名员工，应配备黑带大师 1 名，黑带 10 名，绿带 50～70 名。

11.1.3　6σ 安全管理方法的实施原则

1. 真正以顾客为关注的焦点

尽管许多公司十分强调以顾客为关注焦点，声称"满足并超越顾客的期望和需求"，但是许多公司在推行 6σ 时经常吃惊地发现，他们对顾客的真正理解少得可怜。

在 6σ 中，以顾客为关注的焦点是最重要的事情。举例来说，对 6σ 业绩的测量首先从顾客开始，通过对 SIPOC［供方（Suppliers）、输入（Inputs）、过程（Process）、输出（Outputs）、顾客（Customers）］模型分析来确定 6σ 对象。6σ 管理方法的改进程度是由其对顾客满意度和价值的影响来定义的。因此，6σ 的改进和设计是以对顾客满意所产生的影响来确定的，6σ 管理比其他管理方法更能真正地关注顾客。

2. 以数据和事实驱动管理

6σ 把"以数据和事实为管理依据"的概念提升到一个新的、更有力的水平。虽然许多公司在改进安全信息系统、进行安全知识管理等方面给予了很多注意，但很多经营决策仍然是以主观观念和假设为基础的。6σ 原理则从分辨什么指标是测量业绩的关键开始，收集数据并分析关键变量。这时，问题能够更有效地被发现、分析和解决——永久地解决。

说得更实际一些，6σ 通过帮助管理者回答两个重要问题来支持以数据为基础的决策和解决方案：

（1）真正需要什么安全数据和信息？

（2）如何利用这些安全数据和信息以使安全最大化？

3. 对过程的关注、管理、提高

在 6σ 中，无论把重点放在安全设施、设备和服务的设计，安全的测量，效率和顾客满意度的提升上，还是放在业务经营上，6σ 都把过程视为成功的关键载体。在 6σ 活动中，显著的突破之一是使领导们和管理者（特别是服务部门和在服务行业中）确信过程是构建向顾客传递价值的途径。

4. 主动管理

主动意味着在事件发生之前采取行动，而不是事后做出反应。在 6σ 管理中，主动管理意味着对那些常常被忽略的安全活动养成习惯：制定有雄心的目标并经常进行评审，设定清楚的优先级，重视问题的预防而非事后补救，询问做事的理由而不是因为惯例就盲目地遵循。真正做到主动管理是创造性和有效变革的起点，而绝不会令人厌烦或认为分析过度。6σ 将综合利用工具和方法，以动态的、积极的、预防性的管理风格取代被动的管理习惯。

5. 无边界的合作

"无边界"是 GE 公司的前任首席执行官杰克·韦尔奇经营成功的秘诀之一。在推行 6σ 之前，GE 公司的总裁们一直致力打破障碍，但是效果仍没有让杰克·韦尔奇满意。6σ 的推行加强了自上而下、自下而上和跨部门的团队工作，改进了公司内部的协作以及与供方和顾客的合作。

6. 对完美的渴望，对失败的容忍

怎样能在力求完美的同时还能够容忍失败？从本质上讲，这两方面是互补的。虽然每个以 6σ 为目标的公司都必须力求使结果趋于完美，但同时也应该能够接受并管理偶然的挫折；这些理论和实践使全面质量管理一直追求的零缺陷和最佳效益目标得以实现。

6σ 安全管理是一个渐进的过程，它从一个愿景开始，以接近完美的本质安全和服务以及极高的顾客满意为目标。这给传统的全面安全管理注入了新的动力，也使依靠安全取得效益成为现实。

11.1.4　6σ 安全管理方法的实施步骤

6σ 的安全实质是"零缺点计划"的理论和实践，即在安全生产上要求"零事故"。为了达到 6σ，首先要制定标准。在安全管理中，随时跟踪考核操作与标准的偏差，不断改进，最终达到 6σ。现已形成一套使每个环节不断改进的、简单的流程模式——定义（Definition）、测量（Measure）、分析（Analysis）、改进（Improve）、控制（Control）。

1. 定义（D）

定义，即陈述问题。需要黑带大师以市场为导向，以企业现有的资源为依据，利用顾客反馈的数据及从与机器直接打交道的员工处获得的信息作出相应的曲线，进行数据比较，从而确定改进目标，如零事故目标等。

2. 测量（M）

测量的目的是识别并记录那些对顾客关键的过程业绩及安全（输出变量）有影响的过程参数，量化客户需求，对从顾客中获取的数据进行分类、归纳，以便分析时用。了解现有的安全水平，确认顾客，用户对改进后的预期安全进行评估，此阶段是数据的收集阶段。一旦决定了该测量是什么，其组成人员就必须制订相应的"数据收集计划"，并计算和量化实际业务中的各种事件。通过过程流程图、因果图、散布图、排列图等方法来整理数据。

具体地说，测量阶段关注的是 $y = f(x)$ 中的 x 因子，这个阶段有两个主要目的：一是收集数据，确认问题和机会并进行量化；二是梳理数据，为查找原因提供线索。计算一个企业的水平（指企业产品品质或管理合格率的程度），可以用百万次机会中的缺陷数（Defects Per Million Opportunities，DPMO）来表示，就是取样中所存在的缺陷总数除以单元总数乘以缺陷机会数再乘以一百万次，也就是在生产过程中每一百万个可能造成缺陷的机会里实际发生的缺陷数。

3. 分析（A）

分析，即对数据进行分析，找出问题的关键因素。在此阶段中，团队成员要分析过去和当前的安全数据，并明确将来应该取得的安全目标。通过分析并回答测量阶段的问题所在，确定关键问题的置信区间，进行方差分析，以及通过假设检验的方法来获取其需求价值。此外，还可以通过头脑风暴法、直方图、排列图等方法对所采集的数据进行分析，找到准确的因果关系。在此阶段，必须准确地分析数据，建立输入与输出数据的数学模型，并追踪和核查解决方案的有效性。

4. 改进（I）

改进是基于分析之上的，针对关键因素确立最佳改进方案。在此阶段，可通过功能展开、策划试验设计、进行正交试验等来对关键问题进行调整和改善，在此阶段需注意的是，应从小入手，把关键问题逐一解决。所有这些工作都要建立在安全绩效的数学模型的基础上，以确定输入的操作范围及设定过程参数，并对输入的改进进行优化。

5. 控制（C）

控制主要对关键因素进行长期控制并采取措施，以维持改进结果。定期监测可能影响数据的变量和因素、制订计划时所未曾预料的事情。在此阶段，要应用适当的安全原则和技术方法，关注改进对象数据，对关键变量进行控制，制订过程控制计划，修订标准操作程序和作业指导书，建立测量体系，监控安全工作流程，并制定一些应对突发事件的措施。

11.2　5S 管理

一个良好的工作现场和操作现场有利于企业吸引人才、创建企业文化、降低损耗、提高工作效率，同时，还可以大幅度提高全体人员的素质和敬业爱岗精神。5S 管理作为一种科学的管理思想和管理方式，目前在发达国家应用广泛，它被认为是一种最基本、最有效的现场管理方法。5S 管理是企业提高生产效率、降低成本、树立竞争优势的关键，也是防止事故的基础。

11.2.1　5S 管理概述

1. 5S 管理的产生和发展

5S 管理起源于日本，是整理（Seiri）、整顿（Seiton）、清扫（Seiso）、清洁（Seiketsu）、素

养（Shitsuke）五个项目的整合，因日语的拼音均以 S 开头，故简称 5S 管理。5S 管理是指对生产现场的各种要素进行合理配置和优化组合的动态过程，即令所使用的人、财、物等资源处于良好的、平衡的状态。1955 年，日本 5S 管理的宣传口号为"安全始于整理，终于整理、整顿"。当时只推行了前两个 S，其目的仅是确保作业空间的安全。后因生产和品质控制的需要，又逐步提出了 3S，即清扫、清洁和素养，进一步拓展了其应用空间及适用范围。

日本企业将 5S 管理作为管理工作的基础，推行各种品质管理手法，使其产品品质得以迅速提升，奠定了日本经济大国的地位。到了 1986 年，日本企业在 5S 管理方面的著作逐渐问世，这对整个现场管理模式起到了冲击作用，并由此掀起了 5S 管理的热潮。同时，在日本丰田公司的倡导和推行下，5S 管理对于塑造企业的形象、降低成本、按时交货、安全生产、高度的标准化、创造令人心旷神怡的工作场所、现场改善等方面发挥了巨大作用，逐渐被各国的管理界认可。随着世界经济的发展，5S 管理已经成为企业管理的一股新潮流。近年来，人们对这一活动的认识不断深入，有人又添加了"安全""坚持"两项内容，分别称为 6S 管理和 7S 管理。

5S 管理在我国也甚为流行。5S 管理的精神在我国很早就有体现，从古人对修身养性的教诲中便能看出，如"千里之行，始于足下""一屋不扫，何以扫天下""勿以善小而不为，勿以恶小而为之""愚公移山，锲而不舍"等。5S 管理就是对这些思想的继承和演绎，使其理论化、系统化，并用于企业的经营活动，进而上升为企业的管理理念。因此，5S 管理在我国的应用会有光明的前景。

2. 5S 管理的内涵

（1）整理。整理是彻底把需要与不需要的人、事、物分开，再将不需要的人、事、物加以处理，这是改善生产现场的第一步。整理的关键是对"留之无用，弃之可惜"的观念予以突破，必须摒弃"好不容易才做出来的""丢了好浪费""可能以后还有机会用到"等传统观念。整理的要点如下：

① 对每件物品都要经过这样的思考：它是必要的吗？非这样放置不可吗？

② 即使是必需品，也要适量，必需品的数量要降到最低程度。

③ 如果是在哪里都可有可无的物品，不管是谁买的、有多昂贵，都应坚决处理掉。

④ 如果是非必需品，即在这个地方不需要的东西但在别的地方或许有用，并不是"完全无用的"，应寻找它合适的位置。

⑤ 要区分对待"马上要用的""暂时不用的""长期不用的"。

⑥ 当场地不够时，不要先考虑增加场所，要先整理现有的场地。

整理的目的如下：改善和增加作业面积，使现场无杂物，行道通畅，提高工作效率；减少磕碰的机会，保障安全，提高质量；消除管理上的混放、混料等差错事故；有利于减少库存，节约资金；改变作风，提高工作情绪。

（2）整顿。整顿是把需要的人、事、物加以定量和定位，对生产现场需要留下的物品进行科学、合理的布置和摆放，以便在最快速的情况下取得所要之物，在最简洁、有效的规章、制度、流程下完成事务。简单地说，整顿就是人和物放置方法的标准化。

整顿是研究提高效率方面的科学，它研究怎样可以立即取得物品，以及如何立即放回原位。整顿可以将寻找的时间减少为零，使异常（如丢失、损坏）马上被发现；能让其他人员明白要求和做法，即其他人员也能迅速地找到物品并将其放回原处，使其标准化。

整顿的目的如下：使工作场所一目了然；创造整齐的工作环境；消除寻找物品的时间；消除过多的积压物品；有利于提高工作效率、提高产品质量、保障安全生产。

（3）清扫。清扫是将工作场所、环境、仪器设备、材料、工具等上的灰尘、污垢、碎屑、泥沙等脏东西清扫、擦拭干净，创造一个一尘不染的环境。

清扫过程是根据整理、整顿的结果，将不需要的部分清除掉，或者标示出来放在仓库之中。清扫活动的关键是按照企业的具体情况确定清扫对象、清扫人员、清扫方法，准备清扫器具，实施清扫的步骤，做到自己使用的物品（如设备、工具等），要自己清扫，而不要依赖他人，不增加专门的清扫工，而且设备的清扫要着眼于设备的维护保养。

清扫的目的如下：改善环境质量，消除脏污，保持职场内干净、明亮；排除异常情况的发生，减少工业伤害。

（4）清洁。清洁是在整理、整顿、清扫之后，认真维护、保持环境的最佳状态，即形成制度和习惯。清洁是对前三项活动的坚持和深入，以消除安全事故根源、创造一个良好的工作环境为目的，使员工能愉快地工作，有利于企业提高生产效率、改善管理的绩效。

实施清洁活动时，需要秉持以下三种观念：

① 只有在清洁的工作场所中才能生产出高效率、高品质的产品。

② 清洁是一种用心的行动。

③ 清洁是一种随时随地的工作。

清洁活动的要点如下：

① 坚持"三不要"的原则——不要放置不用的东西，不要弄乱，不要弄脏。

② 不仅物品需要清洁，现场工人同样需要清洁。工人不仅要做到形体上的清洁，而且要做到精神上的清洁。

在产品的生产过程中，永远会伴随着无用物品的产生，这就需要不断地加以区分，随时将其清除，这就是清洁的目的。

（5）素养。素养是指培养全体员工良好的工作习惯、组织纪律和敬业精神，提高人员的素质，营造团队精神。这是 5S 管理的核心，也是各项活动顺利开展、持续进行的关键。在开展 5S 管理中，要贯彻自我管理的原则，具体应做到以下几方面：

① 学习、理解并努力遵守规章制度，使它成为每个人应具备的一种修养。

② 领导者的热情帮助与被领导者的努力自律相结合。

③ 有较高的合作奉献精神和职业道德。

④ 互相信任，管理公开化、透明化。

⑤ 勇于自我检讨反省，为他人着想、为他人服务。

3. 5S 管理要素之间的关系

5S 管理中的五个部分不是孤立的，它们是一个相互联系的有机整体。整理、整顿、清扫是进行日常 5S 管理的具体内容；清洁则是指对整理、整顿、清扫工作的规范化和制度化管理，以便使其持续开展；素养是要求员工建立自律精神，养成自觉进行 5S 管理的良好习惯。5S 管理要素之间的具体关联关系如图 11 - 1 所示。

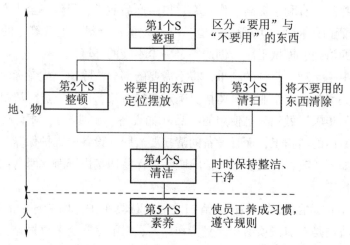

图 11 - 1   5S 管理要素之间的具体关联关系

综上所述，5S 管理一个重要的目的是实现安全生产，安全是一切工作的前提。以实现安全为最终目的的 5S 管理称为 5S 安全管理，它主要针对危险行业，如煤矿行业、化工行业等。目前，有部分企业正在接受这一管理方法，但实施的广泛性和效果有待增强，所以 5S 管理的知识有待普及和推广。

11.2.2   5S 管理的效用

成功的管理模式必须要得到全体员工的充分理解，并亲自参与进去，使之成为该系统中的一员，管理模式才能奏效。5S 管理简单明了，每一位员工都能理解，为安全、效率、品质及减少故障提出了简单可行的解决方法。5S 管理的效用也可归纳为 5 个 S，具体如下：

1. 5S 管理是最佳推销员（Sales）

5S 管理可以提高企业的管理水平，它是一种基础管理方法，是企业其他管理方法运用和实现的根本。它使企业具有干净、整洁的环境，一方面，它使顾客对企业更有信心，乐于下订单，而且能不断提高企业的知名度和口碑，扩大了企业的声誉和产品的销路；另一方面，一个良好的工作现场、操作现场有利于企业吸引人才，使企业具有广阔的发展空间。

2. 5S 管理是节约家（Saving）

（1）5S 管理大大降低了很多材料及工具的浪费，在进行"整理"活动时，要区分需要和不需要的东西。对于不需要的东西，要及时清除掉；而对于需要的东西，要保存。同时，还必须进行调查，主要调查其使用频率，以此来决定其日常使用量，避免了无谓的浪费。

（2）5S 管理节省了工作场所，在区分出不要的东西之后，对其进行清理，这样腾出了更多的空间用于存放其他必需的东西。

（3）减少工件的寻找时间和等待时间，降低了成本，提高了工作效率，缩短了加工周期。例如，仓库中存放了很多规格的螺母，混乱地放在一起，逐个查找会浪费很多时间。在对其进行"整理"之后，对每个规格的螺母进行分类表示，节省了寻找时间，提高了效率。

3. 5S 管理对安全有保障（Safety）

（1）在推行 5S 管理的场所，要宽广明亮、视野开阔，可降低设备的故障发生率，减少意外的发生。

（2）全体员工根据 5S 管理的要求，自觉遵守作业标准，就不易发生工作伤害。

（3）有些设备和操作本身就带有危险性，这是无法避免的。运用 5S 管理，养成良好的习惯，采取必要的防护措施，在容易发生危险的地方设置安全警告牌或提前采取安全措施，可以大大降低事故的发生概率。

例如，在生产企业会经常出现高空作业现象，其危险性不言而喻。按照 5S 管理的规范管理，佩戴安全帽，系好安全带，地面再增加人员进行保护，就会最大限度地减少事故的发生。

4. 5S 管理是标准化的推动者（Standardization）

5S 管理强调作业标准的重要性，规范了现场作业，使员工都正确地按照规定执行任务，养成了良好的习惯，促进了企业标准化的进程，从而增强了产品品质的稳定性。同时，由于在制定标准时，经过了管理者与作业人员的反复思考，结合现场操作中可能存在的问题及如何在操作中加以解决来制定，这就最大限度地减少了操作过程中问题的发生。

5. 5S 管理可以形成令人满意的职场（Satisfaction）

（1）"人造环境，环境育人"，员工对明亮、清洁的工作场所动手改善，有成就感，能造就现场全体人员进行改善的气氛，整个企业的环境面貌也随之改善。

（2）明朗的环境可使人工作时的心情愉快，员工有被尊重的感觉，工作更有精神，效率会提高，工作质量也会得到提升。

（3）员工的归属感增强，使员工真正积极地完成每一份工作，人与人之间、主管和部属之间均有良好的互动关系，促进工作顺利开展。

（4）通过全员参与 5S 管理，使环境更加整洁有序，使员工素质提高，为塑造企业文化形象奠定了基础。

11.2.3　5S 管理的推行步骤

掌握了 5S 管理的基础知识，尚不具备推行 5S 管理的能力。推行步骤和方法不当会导致事倍功半，甚至中途夭折的事例也不少见。因此，掌握正确的步骤和方法是非常重要的。5S 管理的推行有以下 10 个步骤：

1. 成立推行组织

成立推行组织需要开展如下工作：

（1）成立推行委员会及推行办公室。

（2）确定组织职能。

（3）确定委员的主要工作。

（4）划分编组及责任区。

建议企业主要领导出任 5S 管理推行委员会主任职务，以视对此活动的支持。具体安排可由副主任负责。

2. 拟定推行方针及目标

（1）制定方针。推动 5S 管理时，制定方针作为导入的指导原则。方针的制定要结合企业的具体情况，要有号召力，一旦制定，就要广为宣传。例如，"推行 5S 管理、塑一流形象""告别昨日，挑战自我，塑造企业新形象""于细微处着手，塑造公司新形象""规范现场、现物，提升人的品质"等。

（2）制定目标。先预设期望目标，将其作为活动努力的方向，并便于在活动过程中进行成果检查。例如，"第 4 个月各部门考核结果在 90 分以上"等。

3. 拟订工作计划及实施方法

（1）拟订日程计划作为推行及控制的依据。

（2）收集资料，借鉴其他企业的做法。

（3）制定 5S 管理实施办法。

（4）制定要与不要的物品区分方法。

（5）制定 5S 管理评比的方法。

（6）制定 5S 管理奖惩办法。

（7）其他相关规定（5S 管理时间等）。

大的工作一定要有计划，以便员工对整个过程有一个整体的了解。项目责任人应清楚自己及其他担当者的工作是什么及何时要完成，相互配合，造就一种团队作战精神。

4. 教育

每个部门对全员进行教育，包括 5S 管理的内容及目的、5S 管理的实施方法、5S 管理的评比方法。这是对新进员工的 5S 管理训练。

教育非常重要，让员工了解 5S 管理能给其工作及自身带来好处，从而主动地去做。这与强迫员工去做的效果是完全不同的。教育形式要多样化，如讲课、放录像、观摩其他厂的案例等。

5. 活动前的宣传造势

5S 管理要全员重视并参与才能取得良好的效果。

（1）最高主管发表宣言（晨会、内部报刊等）。

（2）海报、内部报刊宣传。

（3）宣传栏。

6. 实施

（1）前期作业准备，包括方法说明、道具准备等。

（2）工厂"洗澡"运动（全员上下彻底大扫除）。

（3）建立地面划线及物品标识标准。

（4）定点摄影。

（5）做成"5S 管理日常确认表"，并将其实施等。

7. 查核

查核包括以下内容：

（1）现场查核。

（2）5S 管理问题点质疑、解答。

（3）举办各种活动及比赛（如征文活动等）。

8. 评比及奖惩

依照 5S 管理竞赛办法进行评比，公布成绩，实施奖惩。

9. 检讨与修正

各责任部门依据缺点项目进行改善，不断提高。适当地导入一些实用的方法，使 5S 管理推行得更加顺利、有效。

10. 纳入定期管理活动

（1）标准化、制度化的完善。

（2）实施各种 5S 管理强化月活动。

需要强调的一点是，企业因其背景、架构、企业文化、人员素质的不同，推行时可能会有各种不同的问题出现，推行办公室要根据实施过程中所遇到的具体问题，采取可行的对策，这样才能取得满意的效果。

11.2.4　5S 管理实施时应注意的事项

5S 管理的成功应用将给企业的各方面绩效带来显著改善，包括塑造企业的形象、降低成本、准时交货、安全生产、高度标准化及创造令人赏心悦目的工作场所等方面。一些企业在实施 5S 管理时，常会出现"虎头蛇尾"甚至"不了了之"的情况，最终以失败告终。因此，在实施 5S 管理的过程中，要对 5S 管理有全面的认识，其中要注意以下几方面：

（1）55 管理是一种品性提高、道德提升的"人性教育"运动，其最终目的在于修身、提高员工素质。5S 管理强调细节，但这并不代表它是小事。摒弃"5S 管理是大扫除"的观念，从树立形象的高度宣传和推动 5S 管理是比较有效的方法，把 5S 管理提升到企业形象的高度有利于全员彻底地展开活动，也更有利于检验效果。

（2）大家都是工作现场的管理者，每个人都要和自己头脑中的习惯势力做斗争。现场的好坏是自己工作的一部分，并且要做到相互提醒、相互配合、相互促进，尽快完成从"被动"到"主动"、从"要我做"向"我要做"的转变。

（3）5S 管理源于素养，始自内心而形之于表，由外在表现而至塑造内心。5S 管理贵在坚持，一时做好不难，长期做好不容易，而长期坚持依靠的是全体员工素养的提高，5S 管理需要不断地创新和强化。

（4）要充分调动员工的积极性，做到全员参与。5S 管理是一种管理活动，需要各个环节相互配合，缺一不可。因此，必须全员发动，才能使活动得到推行，进而不断改善，真正提高企业各项工作的管理水平。

（5）推行 5S 管理不能急于求成，必须建立正确的、可达到的目标。目标的设定要结合本企业的 5S 管理基础，切合实际，遵从循序渐进、定期、定量的原则，逐步提高和完善。

5S 管理作为一种先进的安全管理方法，经过国内外一些著名企业十几年的应用，已经得到广泛认可。例如，黑龙江省双阳煤矿于 2003 年年初开始推行 5S 管理。经过一年多时间，产生了较好的效果，无论生活环境还是井上井下生产环境，与以往相比，都发生了较大的变化。双阳煤矿的 5S 管理推进工作主要按三个阶段规划，分步实施推进。

（1）全员宣传发动阶段。

首先，领导重视与否是关键。双阳煤矿成立了 5S 管理推进委员会，下设 5S 管理推进室，由矿副总工程师兼任推进室主任，对全矿的总体推进工作进行了策划和部署，使员工体会到矿领导对推行 5S 管理的决心和重视程度。

其次，明确分工，落实责任。向全矿管理人员召开推进实施 5S 管理的动员大会，矿长讲解 5S 管理的作用和目的，以及 5S 管理给企业带来的经济效益和社会效益。成立 5S 管理推动委员会，各基层单位建立相应的 5S 管理推进组，明确了分工，落实了责任。

最后，宣传造势，全员发动。充分利用有线电视、广播、宣传简报等宣传工具，广泛宣传 5S 管理的基本知识，辅以板报、墙报、班前会、观看 5S 管理讲座音像片等形式，形成员工与家属达成共识的良好氛围，初步建立了 5S 管理的运行机制和体系。

（2）岗位标准规范的制定和运行阶段。根据 5S 管理的特点，双阳煤矿结合自身的优势，与质量标准化结合起来，采取以点带面、循环渐进的推进方式。

首先，建立试点，树立典型。确立了具有典型性、推进效果比较直观的 9 条线、22 个基层试点单位作为推进切入点，运用"目视看板管理方法"，井上井下制作了各种美观、实用的标识、牌板，不但美化了工作和生活环境，还有效地保证了员工的安全工作，集中体现出"以人为本"的管理理念。通过试点单位三个月的推进工作，取得了阶段性的胜利。

其次，制定标准化机制。随着试点单位取得的阶段性成果，在全矿各基层单位普遍推进实施。

（3）持续推进和创新发展阶段。

首先，开展活动争先进，制定一系列的激励机制，推进 5S 管理的进一步完善。

其次，推广经验带全面。

最后，强化训练提素养。细化员工 5S 管理行为和现场的实际应用，使员工养成良好的习惯，实现由静态达标向动态达标的平稳过渡。

综上所述，通过双阳煤矿的 5S 管理推进工作，员工由最初的怀疑、被动接受到主动认可、配合，素质在潜移默化的工作中得到了较大提高，这充分说明 5S 管理非常适合煤矿企业的安全管理。

11.2.5　5S 管理的延伸和升华

5S 管理在推行与实际运用中得到了进一步的延伸和升华，具体体现在以下几方面：

（1）个人素质的提升。5S 管理的最终目的是个人素质的提升，同时，这也是企业加固根基、永续经营的根本。随着社会的进步和发展，企业领导者应考虑如何培养年轻员工、如何形成良好的管理氛围及行为模式；年轻员工也应从我做起，点点滴滴养成良好的行为习惯。

扫描二维码，可查阅 5S
管理的 IP 课件内容。

（2）5S 管理是一种思维方式。一般谈到 5S 管理时，多指工作现场方面，但 5S 管理也是一种思维方式，可以拓展到多方面。例如，在沟通时，可以从 5S 管理的角度来训练员工的语言沟通能力，语言简洁；把要谈的重点内容按层次先后来谈，便于他人理解。

11.3　行为安全管理方法

"行为安全"从 20 世纪 80 年代起逐渐被人们重视，行为安全管理（Behavior Based Safety Management，BBS）理论也得到了快速的发展和应用。行为安全管理过程就是应用行为分析模式来识别关键的安全行为，观察和统计这些行为发生的概率，制定整改措施，以实现安全管理绩效的持续改进。

11.3.1　行为安全管理过程的定义

行为安全管理是一个管理程序流程，通过这个程序，作业员工能够分辨、度量和改变他们的行为。

行为安全管理过程依据的是行为人 – 行为 – 后果（Activators – Behavior – Consequences，ABC）行为模型原理。它假设所有的行为都是由一个或者多个行为前因来激发的，而且有一个或者多个行为后果来激励或者阻止（不鼓励）该行为的再次发生。

11.3.2　行为安全管理的作用

事故分析表明，大概 90% 的事故与人的不安全行为有关，人的不安全行为是导致事故发生的关键因素。在剩余的 10% 事故中，又有 90% 的事故与那些没有直接涉及事故中的人的行为有关。行为安全研究的重点是"不安全行为"（或者说，"冒险行为"）。但是员工的冒险行为反映出的问题并不仅仅是员工自身的行为错误。对不安全行为的研究发现，许多伤害事故是员工的不安全行为所导致的，而不安全行为是安全管理系统存在缺陷所引发的。

增加安全行为的数量对于消除事故来说是非常重要的。行为安全管理方法将有助于实现这个目的。当然，它不是"万能的"，也不是解决问题的唯一办法，而是与任何一个好的事故预防措施中的要素共同努力的过程。这些要素包括以下几方面：消除危害，即从工作场所消除危害物，直到确保安全了才开工；采用替代物来减少或消除事故，即通过代替一种材料或者一项任务来减少该危害；工程控制，如安装防护梯、通风系统、防坠装置等；管理控制，如程序方法、实践指南、培训、现场风险评估、工作计划等；个人防护装置。

要想使 BBS 在一个组织内完全有效，该组织需要承诺并完全做到上述列出的所有事故控制措施。从这个角度看，企业员工们应该将 BBS 视作对已有良好安全计划的补充，而不是取而代之。如果企业员工把 BBS 看作企业用来推卸事故责任的一种方法，BBS 是不会有效的。BBS 的根本目的是解决人的行为问题，而不是一味地责备。

BBS 将使一个企业不再担心作业场所的安全审计和监察，它将起到监督执行安全的作用，并使企业更加容易真正了解到企业员工对他们规定的工作实践、程序、条件和行为理解到什么程度。

BBS 是一个主动的进程，它有助于提高员工的安全行为水平，以避免发生事故。所有的事故在发生之前都存在于某种行为中，如一位员工从梯子摔下来，是因为他爬得太高，或者梯子放置不稳，这两种情况都是个体行为。BBS 旨在改变人的思维模式、习惯及行为，以使这些"不安全"的行为不再发生。这样，这位员工就不会再从梯子上摔下来了。它是建立在行为人－行为－后果行为模式的原理上的。这种行为改变模型可以用来改变任何行为，而不仅仅是安全行为，它能够有助于改变操作行为。

11.3.3 行为安全管理的核心

行为安全管理的核心是针对不安全行为进行现场观察、分析与沟通，以干扰或介入的方式，促使员工认识不安全行为的危害，阻止并消除不安全行为。行为安全管理理论中的四个主要步骤如下：识别关键行为；收集行为数据；提供双向沟通；消除安全行为障碍。

因此，针对员工的不安全行为，不是责备和找错，而应该识别那些关键的不安全行为、监测和统计分析、制定控制措施并采取整改行动，最终降低不安全行为发生的频率。对于企业而言，影响员工不安全行为的因素可能来自很多方面，如管理系统、员工身体健康、设施、工艺流程、产品等，这些因素是管理系统存在问题的征兆。

不安全行为的类型和频率是衡量安全管理现状的尺度，是事故频率的预警信号。通过对员工工作习惯的细心观察和分析，可以找到许多潜在的不安全行为或冒险行为的原因。人的心理状态，如态度，可能很难客观地界定和直接改变。但有时它对系统因素造成的目标行为有很大的影响。通常可通过改变导致行为的原因，包括管理体系、安全方针和工作条件，进而改善员工的行为和态度。绝大多数伤害事故都是不安全行为导致的。事故调查结果证明，在工作场所发生一次伤害事故，其实已发生了数百次的不安全行为，大量的不安全行为增加了重大事故发生的概率。要避免发生重大伤亡事故，就必须减少导致伤害事故的不安全行为；而要排除伤害事故的发生概率，最有效的途径就是控制、避免和消除所有的不安全行为。

11.3.4　行为安全管理的基本原理与关键

行为安全管理的基本原理是"得到负面回报的行为趋于降低或者停止；得到正面回报的行为趋于持续和增加"。其关键在于以下几方面：

（1）强化具体的行为是最有效的。让员工意识到他的什么行为是领导赞扬的，比简单地说"干得好"或"做得对"要有效得多。

（2）后果是关键。强化理论认为，人们所做的一切造成的后果或结果将会影响他们以后是否会重复。

（3）惩罚通常会产生不可取的侧面影响。行为管理的重点是将正面行为强化手段作为一种方法来获得人们期望的结果。

（4）积极的、立即的、确定的后果将是最有效的。

（5）强化的有效性依赖于接受者如何理解它们，而不是执行者如何预期它们。

11.3.5　行为安全管理的基本方法

行为安全管理的基本方法有行为安全观察（同级之间）和行为安全审核（上级对下级）行为安全观察针对不安全行为进行现场观察、分析与沟通。行为安全审核是在员工工作时进行的，以交互式的交谈为基础，整个过程以 10~15 分钟为宜。在此过程中，依赖于相互理解和信任的环境，进行有关员工行为的开放式讨论，以便员工认识自己的不安全行为并承诺致力于更安全的工作。

总之，行为安全管理是安全管理的重要方面，安全管理工作者可以在多方面考虑将其应用到实际的安全管理工作中，如行为安全制度、行为安全培训、行为安全监督和统计等，借助于行为安全管理，提升人们的安全管理绩效。

本 章 小 结

【现代安全管理方法的新发展】

❖　6σ 安全管理

✓　描述 6σ 管理方法的产生
✓　描述 6σ 安全管理的执行成员
✓　叙述 6σ 安全管理方法的实施原则
✓　描述 6σ 安全管理方法的实施步骤

❖ 5S 管理

- ✓ 描述 5S 管理的产生和发展
- ✓ 阐述 5S 管理的效用
- ✓ 叙述 5S 管理的推行步骤
- ✓ 描述 5S 管理实施时应注意的事项
- ✓ 阐述 5S 管理的延伸和升华

❖ 行为安全管理方法

- ✓ 描述行为安全管理过程的定义
- ✓ 叙述行为安全管理的作用
- ✓ 描述行为安全管理的核心
- ✓ 阐述行为安全管理的基本原理与关键
- ✓ 叙述行为安全管理的基本方法

自 测 题

一、选择题

11-1 6σ 的安全实质是"零缺点计划"理论和实践,即在安全生产上要求"（　　）"。

　　　　A. 零伤亡　　　　B. 零隐患　　　　C. 零事故　　　　D. 零伤害

11-2 整顿中的"三定"是指（　　）。

　　　　A. 定点、定方法、定标示　　　　B. 定点、定容、定量

　　　　C. 定容、定方法、定量　　　　D. 定点、定人、定方法

11-3 整理主要是排除（　　）浪费。

　　　　A. 时间　　　　B. 工具　　　　C. 空间　　　　D. 包装物

11-4 整理是根据物品的（　　）来决定取舍的。

　　　　A. 购买价值　　　　B. 使用价值　　　　C. 是否占空间　　　　D. 是否能卖好价钱

11-5 5S 管理在推行中,（　　）最重要。

　　　　A. 人人有素养　　　　B. 地、物干净　　　　C. 工厂有制度　　　　D. 生产效率高

二、判断题

11-6 5S 管理需要全员参与,如果有部分成员内心抵制,5S 管理就可能失败。（　　）

11-7 部门也做过 5S 管理了,不需要再系统化地推行了。（　　）

11-8 5S 管理是企业提高生产效率、降低成本、树立竞争优势的关键,也是防止事故的基础。（　　）

三、名词解释

11-9 6σ 安全管理

11-10 5S 管理

四、简答题

11 – 11　5S 管理推行的要领有哪些?

11 – 12　5S 管理推行的步骤有哪些?

五、论述题

11 – 13　试论述在实施 5S 管理的过程中要注意哪些问题。

参 考 文 献

[1] 傅贵. 安全管理学: 事故预防的行为控制方法. 北京: 科学出版社, 2013.

[2] 张景林, 崔国璋. 安全系统工程. 北京: 煤炭工业出版社, 2002.

[3] 史宗保. 煤矿事故调查技术与案例分析. 北京: 煤炭工业出版社, 2009.

[4] 何学秋, 等. 安全科学与工程. 徐州: 中国矿业大学出版社, 2008.

[5] 田水承, 景国勋. 安全管理学. 北京: 机械工业出版社, 2009.

[6] 沈斐敏. 安全系统工程理论与应用. 北京: 煤炭工业出版社, 2001.

[7] 栗继祖, 梁春豪, 陈新国, 等. 煤矿安全行为管理系统研究. 北京: 科学出版社, 2014.

[8] 陈红. 中国煤矿重大事故中的不安全行为研究. 北京: 科学出版社, 2006.

[9] 徐德蜀, 邱成. 企业安全文化简论. 北京: 化学工业出版社, 2004.

[10] 谭跃进, 陈英武, 易进先. 系统工程原理. 长沙: 国防科技大学出版社, 1999.

[11] 徐一飞, 周斯富. 系统工程应用手册: 原理·方法·模型·程序. 北京: 煤炭工业出版社, 1991.

[12] 张兴容, 李世嘉. 安全科学原理. 北京: 中国劳动社会保障出版社, 2004.

[13] 栗继祖, 陈新国, 撖动. ABC 分析法在煤矿安全管理中的应用研究. 中国安全科学学报, 2014, 24 (7): 140 - 145.

[14] 徐德蜀. 安全文化、安全科技与科学安全生产观. 中国安全科学学报, 2006, 16 (3): 71 - 82.

[15] 陈宝智. 安全原理. 2 版. 北京: 冶金工业出版社, 2002.

[16] 吴穹, 许开立. 安全管理学. 北京: 煤炭工业出版社, 2002.

[17] 许满贵. 煤矿重大危险源评价研究. 矿业安全与环保, 2005, 32 (5): 80 - 84.

[18] 韩军, 刘占杰, 吕荫泉. 现代安全管理方法. 北京: 机械工业出版社, 1992.

[19] 栗继祖. 安全行为学. 北京: 机械工业出版社, 2009.

[20] 刘铁民. 重大事故应急处置基本原则与程序. 中国安全生产科学技术, 2007, 3 (3): 3 - 6.

[21] 周心权, 常文杰. 煤矿重大灾害应急救援技术. 徐州: 中国矿业大学出版社, 2007.

[22] 袁秋新. 煤矿安全管理新模式初探. 煤炭企业管理, 2006 (1): 28.

[23] 杨玉中, 吴立云, 张强. 煤矿人为失误的原因及控制. 工业安全与环保, 2005, 31 (11): 55 - 57.

[24] 董维武. 美国煤矿伤亡事故及事故分析. 中国煤炭, 2000, 26 (9): 59 - 62.

［25］张勇，潘素萍. 美国煤矿安全生产立法及对我国的启示. 华北科技学院学报，2002，4（4）：10－12.

［26］赵瑞华. 美国矿山安全卫生监察立法过程和矿山安全卫生监察机构介绍. 劳动安全与健康，2001（8）：50－52.

［27］周利华. 浅谈现代矿山企业的安全管理. 中国矿业，2001，10（6）：36－40.

［28］苗德俊. 煤矿事故模型与控制方法研究. 青岛：山东科技大学，2004.

［29］杜春宇，杜翠凤，宋存义. 煤矿本质安全管理内涵研究. 中国煤炭，2007，33（4）：62－64.

［30］吴宗之，刘茂. 重大事故应急救援系统及预案导论. 北京：冶金工业出版社，2003.

［31］杨世勇，苏海雁. 我国煤炭安全成本研究存在的问题与对策. 内蒙古煤炭经济，2007（3）：9－11.

［32］田水承，等. 现代安全经济理论与实务. 徐州：中国矿业大学出版社，2004.

［33］王凯全，邵辉，等. 事故理论与分析技术. 北京：化学工业出版社，2004.

［34］罗云，吕海燕，白福利. 事故分析预测与事故管理. 北京：化学工业出版社，2005.

［35］侯立峰. 事故损失的评价理论与方法研究. 徐州：中国矿业大学出版社，2007.

［36］何学秋，等. 中国煤矿灾害防治理论与技术. 徐州：中国矿业大学出版社，2006.

附录 部分自测题参考答案

第 1 章

一、选择题

1－1 B 1－2 B 1－3 C

二、判断题

1－4 √ 1－5 √ 1－6 ×

第 2 章

一、选择题

2－1 C 2－2 D 2－3 A 2－4 B 2－5 D

二、判断题

2－6 × 2－7 × 2－8 √

第 3 章

一、选择题

3－1 C 3－2 A 3－3 B 3－4 D 3－5 C

二、判断题

3－6 × 3－7 √ 3－8 √

第 4 章

一、选择题

4－1 C 4－2 A 4－3 A 4－4 A 4－5 B

二、判断题

4－6 √ 4－7 × 4－8 √

第 5 章

一、选择题

5－1 B 5－2 A 5－3 A 5－4 B

二、判断题

5－5 √ 5－6 √

第 6 章

一、选择题

6 - 1　B　6 - 2　D

二、判断题

6 - 3　×　6 - 4　√

第 7 章

一、选择题

7 - 1　D　7 - 2　B　7 - 3　A　7 - 4　D　7 - 5　C

二、判断题

7 - 6　√　7 - 7　×　7 - 8　√

第 8 章

一、选择题

8 - 1　B　8 - 2　B　8 - 3　C　8 - 4　D　8 - 5　D

二、判断题

8 - 6　√　8 - 7　×　8 - 8　√

第 9 章

一、选择题

9 - 1　C　9 - 2　C　9 - 3　B　9 - 4　B　9 - 5　D

二、判断题

9 - 6　×　9 - 7　×　9 - 8　√

第 10 章

一、选择题

10 - 1　B　10 - 2　C　10 - 3　C　10 - 4　A　10 - 5　C

二、判断题

10 - 6　×　10 - 7　×　10 - 8　×

第 11 章

一、选择题

11 - 1　C　11 - 2　B　11 - 3　C　11 - 4　B　11 - 5　A

二、判断题

11 - 6　√　11 - 7　×　11 - 8　√